P9-DCW-528

VOCABULARIO PRÁCTICO

LAROUSSE

TÉCNICO-CIENTÍFICO

INGLÉS/ESPAÑOL

VOCABULARIO PRÁCTICO LAROUSSE

TÉCNICO-CIENTÍFICO
INGLÉS/ESPAÑOL

Recopilado del
GRAN DICCIONARIO MODERNO ESPAÑOL/INGLÉS-ENGLISH/SPANISH LAROUSSE

Dirigido y realizado por
RAMÓN GARCÍA-PELAYO Y GROSS
MICHELINE DURAND

con la colaboración de
BARRY TULETT
FERNANDO GARCÍA-PELAYO

MARSELLA 53, MÉXICO 06600, D.F.

Paseo de Gracia 120 Barcelona 08008   *17, rue du Montparnasse 75298 París Cedex 06*   *Valentín Gómez 3530 Buenos Aires R.13*

© 1983, Librairie Larousse

"D.R." © 1984, por Ediciones Larousse, S.A. de C.V.
Marsella núm. 53, México 06600, D.F.

Esta obra no puede ser reproducida, total o parcialmente, sin autorización escrita del editor.

PRIMERA EDICIÓN.-Decimosexta reimpresión

ISBN 2-03-451331-2 (Librairie Larousse)
ISBN 970-607-019-2 (Ediciones Larousse)

Impreso en México — Printed in Mexico

INDICE

AGRICULTURE/AGRICULTURA

I. General terms — Términos (*m.*) generales.

land, soil	tierra *f.*, suelo *m.*
fertile soil	suelo (*m.*) fértil
lean *o* poor soil	tierra (*f.*) magra
dry soil	tierra (*f.*) de secano
irrigable land	tierra (*f.*) de regadío
humus	mantillo *m.*
wasteland, barren land	yermo *m.*, erial *m.*
arable *o* tilled land	tierra arable *or* de labranza
grass	hierba *f.*
grassland	pastizal *m.*
meadow	prado *m.* (small), pradera *f.* (large)
prairie	pradera *f.*
pasture land	pastos *m. pl.*, pastizal *m.*
to lie fallow	estar en barbecho
fallow	barbecho *m.*
stubble; stubble field	rastrojo *m.*; rastrojal *m.*
straw; hay	paja *f.*; heno *m.*
country, countryside	campo *m.*
countryman	campesino *m.*
countrywoman	campesina *f.*
rural population	población (*f.*) rural
rural exodus	éxodo (*m.*) rural
mechanization of farming	mecanización (*f.*) del campo
mechanized farming	motocultivo *m.*
agronomist	agrónomo *m.*
latifundium, large landed estate	latifundio *m.*
farm	finca *f.*, granja *f.*; explotación (*f.*) rural
cattle farm	explotación (*f.*) ganadera *or* pecuaria
ranch	rancho *m.*
hacienda	hacienda *f.*
holding	propiedad *f.*
plot, parcel, lot	parcela *f.*
cooperative farm	cooperativa *f.*
collective farm	granja (*f.*) colectiva
farmer	agricultor *m.*, cultivador *m.*
producer	productor *m.*
settler	colono *m.*
landowner	terrateniente *m.*
absentee landlord	absentista *m.*
smallholder, small farmer	pequeño agricultor *m.*
rancher	ranchero *m.*
tenant farmer, leaseholder	arrendatario *m.*
sharecropper	aparcero *m.*
ploughman	labrador *m.*
farm labourers [U.S., farm laborers]	obreros (*m.*) agrícolas *or* del campo
farm hand	peón *m.*, mozo (*m.*) de labranza, bracero *m.*
cattle farmer	ganadero *m.*
cowherd, cowboy	vaquero *m.*
shepherd	pastor *m.*
fruit grower	hortelano *m.*
vinegrower	viñador *m.*, viñatero *m.*
vintager	vendimiador *m.*
farming, husbandry	agricultura *f.*
animal husbandry *o* breeding	cría (*f.*) de animales *or* de ganado
dairy farming	cría (*f.*) de ganado lechero
horticulture	horticultura *f.*
market gardening	cultivo (*m.*) de hortalizas
fruit growing	fruticultura *f.*
vinegrowing, viticulture	viticultura *f.*

olive growing	oleicultura *f.*
arboriculture	arboricultura *f.*
silviculture	silvicultura *f.*
agricultural *o* farm products	productos (*m.*) agrícolas *or* agropecuarios
foodstuffs	productos (*m.*) alimenticios
dairy produce *o* products	productos (*m.*) lácteos
dairy industry	industria (*f.*) lechera
crop *o* farming year	campaña (*f.*) agrícola
season	temporada *f.*
agricultural commodities market	mercado (*m.*) agrícola
land *o* agrarian reform	reforma (*f.*) agraria
livestock	ganado *m.*
cattle	ganado (*m.*) vacuno
pruning	poda *f.*
to graft	injertar
to harvest	cosechar
harvest, harvesting	cosecha *f.*
reaping	siega *f.*
to pick	recoger
picking	recolección *f.*
to cut, to mow	cortar, segar
cutting, mowing	corte *m.*, siega *f.*
to thresh	trillar
threshing	trilla *f.*
haymaking	henificación *f.*
to bind (into sheaves)	agavillar
to ensile, to pit	ensilar
soil improvement *o* dressing	abono (*m.*) del suelo
land reclamation	puesta (*f.*) en cultivo de las tierras
irrigation, watering	irrigación *f.*, riego *m.*
to irrigate, to water	irrigar, regar
drainage	drenaje *m.*, avenamiento *m.*
irrigation ditch *o* channel	acequia *f.*, canal (*m.*) de riego
manure	estiércol *m.*
to manure	estercolar
fertilizer	fertilizante *m.*, abono *m.*
to fertilize	abonar, fertilizar
spreading	esparcimiento *m.*
to fumigate	fumigar
to spray	rociar
insecticide	insecticida *m.*
pesticide	pesticida *m.*
weed killer, herbicide	herbicida *m.*
pest	animal (*m.*) dañino
parasite	parásito *m.*
locust	langosta *f.*
termite	termita *m.*
rodent	roedor *m.*
weeds	malas hierbas *f.*
rust	roya *f.*
smut	tizón *m.*, añublo *m.*
mildew	mildiu *m.*
ergot	cornezuelo *m.*
phylloxera	filoxera *f.*

II. The farm — La finca, *f.*

estate	propiedad *f.*
farmhouse	casa *f.*
outbuildings	dependencias *f.*
barn, shed	cobertizo *m.*
granary, grain store	granero *m.*
grain silo	silo (*m.*) para granos
hayloft	henil *m.*
stable	cuadra *f.*, caballeriza *f.*
litter	pajaza *f.*

cowshed	establo *m.*
pigsty [U.S., hog pen]	pocilga *f.*, porqueriza *f.*
sheep pen, fold	redil *m.*, aprisco *m.*, majada *f.*
rabbit hutch	conejera *f.*
hen house, henroost	gallinero *m.*
hen run, chicken run	corral *m.*
incubator, brooder	incubadora *f.*, pollera *f.*
laying house	ponedero *m.*
watering *o* drinking trough	abrevadero *m.*, bebedero *m.*
feeding *o* feed trough	comedero *m.*
feeding rack, manger, crib	pesebre *m.*
greenhouse, glasshouse	invernadero *m.*
nursery	vivero *m.*
seedbed	semillero *m.*
threshing floor	era *f.*
manure *o* dung heap	estercolero *m.*
field	campo *m.*
corn field	trigal *m.*
furrow	surco *m.*
ridge	caballón *m.*
clod	terrón *m.*
terrace	terraza *f.*, bancal *m.*
haystack, hayrick	almiar *m.*, pajar *m.*
shock	fajina *f.*, hacina *f.*
sheaf	gavilla *f.*, haz *f.*
plantation	plantación *f.*
cabbage patch	campo (*m.*) de coles
tomato patch	tomatal *m.*
vineyard	viñedo *m.*
kitchen garden	huerto *m.*
market garden, orchard	huerta *f.* (large), huerto *m.* (small).

III. Land use — Aprovechamiento (*m.*) del suelo.

land tenure	tenencia (*f.*) de tierras
tenancy, leasing, lease	arrendamiento *m.*
land settlement policy	política (*f.*) de colonización
land consolidation	concentración (*f.*) parcelaria
to cultivate, to farm	cultivar
to till	cultivar (to cultivate), labrar (to plough)
to manage, to run (a farm)	explotar [una finca]
dry, irrigated farming	cultivo (*m.*) de secano, de regadío
extensive, intensive cultivation	cultivo (*m.*) extensivo, intensivo
crop rotation	rotación (*f.*) de cultivos
mixed farming	policultivo *m.*, cultivo (*m.*) mixto
single-crop farming	monocultivo *m.*
to clear	desbrozar
to weed	escardar
to plough [U.S., to plow]	labrar, arar
ploughing [U.S., plowing]	labranza *f.*, labor *f.*
to fallow, to plough up, to turn	roturar
to loosen	mullir
to dig	layar
to earth up	aporcar
to harrow, to rake	rastrillar
to grow	cultivar
to plant	plantar
to transplant, to plant out	transplantar, replantar
seed	semillas *pl.*
to sow	sembrar
broadcasting, broadcast sowing	siembra (*f.*) al voleo
to stake	rodrigar

stake	rodrigón *m.*, tutor *m.*
to prune	podar, desmochar

IV. Agricultural equipment and machinery — Aperos (*m. pl.*) de labranza y maquinaria (*f.*) agrícola.

shovel	pala *f.*
spade	laya *f.*
hoe	azada *f.*, azadón *m.*
weeding hoe	sacho *m.*, escardadora *f.*
mechanical hoe	binadora *f.*
rake	rastrillo *m.*, rastro *m.*
fork	horquilla *f.*
hayfork, pitchfork	bieldo *m.*, horquilla (*f.*) para el heno
scythe	guadaña *f.*
sickle	hoz *f.*
flail	mayal *m.*
billhook, brushhook	podadera *f.*
(field) roller	rodillo *m.*
plough [U.S., plow]	arado *m.*
ridging plough, ridger	aporcadora *f.*
weeding machine	escardadora *f.*
weeder, weeding hook	escarda *f.*, escardillo *m.*
weeding fork	binador *m.*
disc harrow	rastra (*f.*) *or* grada (*f.*) de discos
clod crusher	desterronadora *f.*
tractor	tractor *m.*
sprinkler	regadera *f.*
manure spreader	esparcidora (*f.*) de estiércol
fertilizer distributor	esparcidora (*f.*) de fertilizantes *or* abonos
planter	plantadora *f.*
seed drill, drilling machine	sembradora *f.*
mower	guadañadora *f.*
(power) mower	motosegadora *f.*
harvester, reaper	segadora *f.* [de cereales]
combine (harvester)	segadora (*f.*) trilladora
binder and reaper	segadora (*f.*) agavilladora
harvesting machinery	cosechadoras *f. pl.*
cotton picker	cosechadora (*f.*) de algodón
potato lifter	arrancadora (*f.*) de patatas
threshing machine, thresher	trilladora *f.*
winnower, winnowing machine	aventadora *f.*
binder, sheafer	agavilladora *f.*
grader, sorter	clasificadora *f.*
sieve	criba *f.*
winepress	lagar *m.*
milking machine	ordeñadora (*f.*) mecánica
churn	mantequera *f.*

V. Crops — Cultivos, *m.*

cereals *pl.*, grain	cereales *m. pl.*
coarse grain	cereales (*m. pl.*) secundarios
rye	centeno *m.*
barley	cebada *f.*
oats	avena *f.*
millet	mijo *m.*
sorghum	sorgo *m.*
bran	salvado *m.*
flour, meal	harina *f.*

wheat [U.S., maize]	trigo *m.*
maize [U.S., corn]	maíz *m.*
maize cob [U.S., corn cob]	mazorca *f.*, panoja *f.*, panocha *f.*
rice	arroz *m.*
buckwheat	alforfón *m.*, trigo (*m.*) sarraceno
tea	té *m.*
coffee	café *m.*
cocoa	cacao *m.*
coca	coca *f.*
maté, Paraguay tea	mate *m.*
tobacco	tabaco *m.*
hop	lúpulo *m.*
tuber crops	tubérculos *m.*
sugar cane	caña (*f.*) de azúcar
sugar beet	remolacha (*f.*) azucarera
potato	patata *f.* [*Amer.*, papa *f.*]
sweet potato	batata *f.*, boniato *m.*
vegetables	hortalizas *f.*
carrot	zanahoria *f.*
cassava, manioc	mandioca *f.*, yuca *f.*
turnip	nabo *m.*
yam	ñame *m.*
pulses, leguminous plants	leguminosas *f.*
bean	judía *f.* [*Amer.*, frijol *m.*]
pea	guisante *m.* [*Amer.*, arveja *f.*]
chick-pea	garbanzo *m.*
lentil	lenteja *f.*
soya bean [U.S., soybean]	soja *f.*
forage plants	plantas (*f.*) forrajeras
fodder grain	cereales (*m. pl.*) forrajeros
clover	trébol *m.*
canary grass	alpiste *m.*
lucern, lucerne [U.S., alfalfa]	alfalfa *f.*
textile plants	plantas (*f.*) textiles
cotton	algodón *m.*
flax	lino *m.*
hemp	cáñamo *m.*
American agave	pita *f.*, agave *f.*
henequen	henequén *m.*
sisal	sisal *m.*
kapok tree	kapok *m.*
jute	yute *m.*
Manila hemp	abacá *m.*
raffia	rafia *f.*
yucca	yuca *f.*
oil plants	plantas (*f.*) oleaginosas
sunflower	girasol *m.*
groundnut, peanut	cacahuete *m.* [*Amer.*, maní *m.*]
olive	aceituna *f.*, oliva *f.*
olive tree	olivo *m.*
sesame	sésamo *m.*
castor oil plant	ricino *m.*
rape seed	colza *f.*
rubber tree	caucho *m.*
resin plant	planta (*f.*) resinosa
mangrove	mangle *m.*
fruits	frutas *f.*
fruit tree	árbol (*m.*) frutal
grapevine	vid *f.*
grape	uva *f.*

See also HERRAMIENTAS and VEGETABLES

ARTS/ARTES

I. General terms — Generalidades, *f.*

work	obra *f.*
work of art	obra (*f.*) de arte
masterpiece	obra (*f.*) maestra
plastic, graphic arts	artes (*f.*) plásticas, gráficas
Fine Arts	Bellas Artes *f.*
art gallery	galería *f.*; museo *m.*
salon	salón *m.*
exhibition; collection	exposición *f.*; colección *f.*
author	autor *m.*
style	estilo *m.*
inspiration	inspiración *f.*
muse	musa *f.*
classicism	clasicismo *m.*
purism	purismo *m.*
conceptism	conceptismo *m.*
gongorism	gongorismo *m.*, culteranismo *m.*
realism	realismo *m.*
surrealism	surrealismo *m.*
romanticism	romanticismo *m.*
naturalism	naturalismo *m.*
symbolism	simbolismo *m.*
impressionism	impresionismo *m.*
expressionism	expresionismo *m.*
existentialism	existencialismo *m.*
futurism	futurismo *m.*
neoclassicism	neoclasicismo *m.*

II. Literature — Literatura, *f.*

humanities	humanidades *f.*
writer	escritor *m.*
book; volume	libro *m.*; volumen *m.*
theatre [U. S., theater]	teatro *m.*
drama	drama *m.*
comedy	comedia *f.*
tragedy	tragedia *f.*
farce	farsa *f.*
play	obra (*f.*) de teatro
the three unities	las tres unidades *f.*
playwright	dramaturgo *m.*, autor (*m.*) de obras de teatro, comediógrafo *m.*
act; scene	acto *m.*; escena *f.*
plot	argumento *m.*
intrigue	intriga *f.*
story	historia *f.*
episode	episodio *m.*
ending, dénouement	desenlace *m.*
poetry; poet	poesía *f.*; poeta *m.*
poem	poema *m.*
epic poetry	épica *f.*
epopee	epopeya *f.*
ode	oda *f.*
sonnet	soneto *m.*
verse, stanza	estrofa *f.*
line	verso *m.*
rhyme	rima *f.*
metrics	métrica *f.*
prose	prosa *f.*
novel	novela *f.*
biography	biografía *f.*
allegory	alegoría *f.*
science fiction	ciencia (*f.*) ficción

satire	sátira *f.*
essay	ensayo *m.*
composition	composición *f.*
rhetoric	retórica *f.*
oratory	oratoria *f.*
declamation	declamación *f.*
improvisation	improvisación *f.*
criticism; critic	crítica *f.*; crítico *m.*
wit	ingenio *m.*
eloquence	elocuencia *f.*
lyricism	lirismo *m.*

III. Painting — Pintura, *f.*

artist; painter	artista *m.* y *f.*; pintor *m.*
cave *o* rupestrian painting	pintura (*f.*) rupestre
oil painting	pintura (*f.*) al óleo
painting in fresco	pintura (*f.*) al fresco
tempera painting	pintura (*f.*) al temple
gouache	pintura (*f.*) a la aguada, aguada *f.*
watercolour [U.S., watercolor]	acuarela *f.*
pastel drawing	pintura (*f.*) al pastel
wash; sanguine	lavado *m.*; sanguina *f.*
miniature	miniatura *f.*
engraving	grabado *m.*
drawing	dibujo *m.*
drawing from nature	dibujo (*m.*) del natural
mechanical drawing	dibujo (*m.*) industrial
tracing	calco *m.*
chiaroscuro	claroscuro *m.*
design	diseño *m.*
sketch	esbozo *m.*, bosquejo *m.*, croquis *m.*, boceto *m.*
study	estudio *m.*
triptych, triptich	tríptico *m.*
portrait	retrato *m.*
model	modelo *m.*
caricature	caricatura *f.*
nude	desnudo *m.*
profile	perfil *m.*
foreshortened figure	escorzado *m.*
landscape	paisaje *m.*
seascape	marina *f.*
still life	bodegón *m.*, naturaleza (*f.*) muerta
tapestry	tapiz *m.*
perspective	perspectiva *f.*
colouring [U.S., coloring]	colorido *m.*
shade	sombra *f.*
cubism	cubismo *m.*
abstract	abstracto, ta
figurative	figurativo, va
brush	pincel *m.*
stroke	pincelada *f.*, toque *m.*
finishing touch	último toque *m.*
easel	caballete *m.*
palette	paleta *f.*
palette knife; spatula	espátula *f.*
picture, painting	cuadro *m.*
frame	marco *m.*
chassis	bastidor *m.*
canvas	lienzo *m.*
studio	estudio *m.*
pinacotheca	pinacoteca *f.*

IV. Sculpture — Escultura, *f.*

sculptor	escultor *m.*
carving	talla *f.*
religious imagery	imaginería *f.*
statue	estatua *f.*
figure	figura *f.*
study	boceto *m.*
bronze	bronce *m.*
terra-cotta	terracota *f.*
wrought iron	hierro (*m.*) forjado
bust	busto *m.*
caryatid	cariátide *f.*
retable, altarpiece	retablo *m.*
stele	estela *f.*
high relief	alto relieve *m.*
low relief, bas-relief	bajorrelieve *m.*
mould [U.S., mold]	molde *m.*
cast; casting	vaciado *m.*
repoussage, repoussé work	repujado *m.*
workshop	taller *m.*

V. Architecture — Arquitectura, *f.*

architect	arquitecto *m.*
plan	proyecto *m.*
town planning [U.S., city planning]	urbanización *f.*
Doric, Ionic, Corinthian, Composite, Tuscan order	orden (*m.*) dórico, jónico, corintio, compuesto, toscano
Gothic	gótico *m.*
flamboyant Gothic	gótico (*m.*) flamígero
Romanesque	románico *m.*
barroque	barroco *m.*
plateresque	plateresco *m.*
rococo	rococó *m.*
building	edificio *m.*
arch	arco *m.*
vault	bóveda *f.*
ogive	ojiva *f.*
façade	fachada *f.*
frontispiece	frontispicio *m.*
column	columna *f.*
pilaster	pilastra *f.*
pediment, fronton	frontón *m.*

See also CONSTRUCCIÓN

AUTOMOBILE/AUTOMÓVIL

I. General terms — Términos (*m.*) generales.

first, second gear	primera, segunda velocidad *f.*
reverse	marcha (*f.*) atrás
two-stroke engine	motor (*m.*) de dos tiempos
diesel	diesel *m.*
limousine	limusina *f.*
convertible	coche (*m.*) descapotable
racing car	coche (*m.*) de carrera
saloon [U.S., sedan]	sedán *m.*
four-wheel drive	propulsión (*f.*) total, doble tracción *f.*

front-wheel drive	tracción (*f.*) delantera
trailer	remolque *m.*

II. External parts — Partes (*f.*) exteriores.

front, rear wheel	rueda (*f.*) delantera, trasera
tread, *sing.*	[ranuras (*f. pl.*) de la] banda de rodadura
chassis	bastidor *m.*
bodywork, body	carrocería *f.*
rear window	cristal (*m.*) trasero
windscreen [U.S., windshield]	parabrisas *m. inv.*
windscreen wiper [U.S., windshield wiper]	limpiaparabrisas *m. inv.*
mudguard	guardabarros *m. inv.*
radiator grille	rejilla (*f.*) del radiador, calandra *f.*
wing mirror	retrovisor *m.* (exterior)
bonnet [U.S., hood]	capó *m.*
boot [U.S., trunk]	cofre *m.*
roof rack, luggage rack	baca *f.*
number plate	placa (*f.*) de matrícula
wing	aleta *f.*
hubcap	tapacubos *m. inv.*
bumper	parachoques *m. inv.*
bumper guard, overrider	tope (*m.*) del parachoques

III. Internal parts — Partes (*f.*) interiores.

steering wheel, wheel	volante *m.*
driver's seat, driving seat	asiento (*m.*) del conductor
passenger seat	asiento (*m.*) del pasajero
back *o* rear seat	asiento (*m.*) trasero
rear-view *o* driving mirror	retrovisor *m.*
gear stick, gear change [U.S., gearshift]	palanca (*f.*) de cambio de velocidades
gearbox	caja (*f.*) de velocidades *or* de cambios
speedometer, clock	velocímetro *m.*
milometer	cuentakilómetros *m. inv.*
choke	estrangulador *m.*, stárter *m.*
starter, self-starter	arranque *m.*
horn, hooter	señal (*f.*) acústica
brake, clutch pedal	pedal (*m.*) de freno, de embrague
dashboard	salpicadero *m.*
hand, foot brake	freno (*m.*) de mano, de pie
transmission	transmisión *f.*
piston	pistón *m.*, émbolo *m.*
radiator	radiador *m.*
fan belt	correa (*f.*) del ventilador
shaft	eje *m.*, árbol *m.*
inner tube	cámara (*f.*) de aire
drain tap	grifo (*m.*) de vaciado
silencer [U.S., muffler]	silencioso *m.*
tank	depósito *m.*
overflow	tubo (*m.*) de desagüe
valve	válvula *f.*
exhaust pipe	tubo (*m.*) de escape
spare wheel	rueda (*f.*) de recambio *or* de repuesto
carburettor [U.S., carburetor]	carburador *m.*

IV. Electricity — Electricidad, *f.*

electrical system, wiring	instalación (*f.*) eléctrica
lights	luces *f. pl.*
headlight	faro *m.*
dipped headlight	luz (*f.*) de cruce
rear lights	pilotos *m. pl.*
sidelights, parking lights	luces (*f. pl.*) de posición
direction indicator	indicador (*m.*) de dirección
indicator, blinker	intermitente *m.*
[spare] battery	batería *f.* (de recambio)
sparking plug [U.S., spark plug]	bujía *f.*

V. Repairs and maintenance — Reparaciones, *f.*

insulating tape	cinta (*f.*) aislante
jack	gato *m.*
can, jerrican	bidón *m.*
fuel	carburante *m.*
petrol [U.S., gas]	gasolina *f.* [*Amer.*, nafta *f.*]
cooling water	agua (*f.*) de refrigeración
oil	aceite *m.*
lubrication, oiling	engrase *m.*
antifreeze	anticongelante *m.*
antiskid	antideslizante
tyre chain [U.S., tire chain]	cadena (*f.*) antideslizante
toolbox, tool kit	caja (*f.*) de herramientas
crank	manivela *f.*
breakdown lorry *o* van [U.S., tow car *o* truck]	coche (*m.*) de auxilio en carretera, grúa (*f.*) remolque
spare parts, spares	piezas (*f. pl.*) de recambio *or* de repuesto
oil level	nivel (*m.*) del aceite
dipstick	indicador (*m.*) de nivel de aceite
oil change	vaciado *m.*, cambio (*m.*) de aceite
to vulcanize	vulcanizar
to inflate	inflar, hinchar
tyre pressure [U.S., tire pressure]	presión (*f.*) de los neumáticos
to fill the tank	llenar el depósito de gasolina
[petrol] pump attendant	encargado (*m.*) del surtidor de gasolina
petrol pump [U.S., gasoline pump]	surtidor (*m.*) de gasolina
super	gasolina (*f.*) super
pump, air pump	bomba (*f.*) de aire
to adjust	ajustar
to charge *o* to recharge a battery	cargar una batería
to decoke [U.S., to decarbonize]	descarburar
breakdown	avería *f.*
mechanical failure	avería (*f.*) mecánica
repair shop	taller (*m.*) de reparación
to seize up	agarrotarse
accident	accidente *m.*
puncture, blowout	pinchazo *m.*
patch	parche *m.*
to skid	patinar
to knock	golpear (el motor)
to tow, to take in tow	remolcar
accident insurance	seguro (*m.*) contra accidentes
insurance against theft	seguro (*m.*) contra robo
fully comprehensive insurance	seguro (*m.*) a todo riesgo
third-party insurance	seguro (*m.*) de daños a tercero

VI. Driving — Conducción, *f.*

highway code	código (*m.*) de la circulación
driving licence [U.S., driver's license]	carnet (*m.*) de conducir *or* permiso (*m.*) de conducción
traffic *o* road sign	señal (*f.*) de tráfico
to accelerate	acelerar
to brake	frenar
to engage the clutch	embragar
to declutch	desembragar
to stall	calar, calarse
to change gear	cambiar de velocidad
to start up	arrancar
to overtake	adelantar, pasar
to put one's foot down [U.S., to step on the gas]	pisar el acelerador
to decelerate	soltar el acelerador
top speed	velocidad (*f.*) máxima
speed limit	límite (*m.*) de velocidad
to park	aparcar, estacionar
car park [U.S., parking lot]	aparcamiento *m.*
to switch off the motor	cortar el encendido
motorway [U.S., freeway, superhighway]	autopista *f.*
toll road [U.S., turnpike]	carretera (*f.*) de peaje
traffic jam	atasco *m.*, embotellamiento *m.*

BICYCLE/BICICLETA

I. Generalities — Generalidades, *f.*

cyclist	ciclista *m.* y *f.*
bicycle, cycle; bike	bicicleta *f.*; bici *f.*
cycle track	pista (*f.*) para ciclistas
cycling	ciclismo *m.*
to ride a bicycle	montar en bicicleta
hand signals	señales *f. pl.* (con el brazo)
freewheel	rueda (*f.*) libre
tandem	tándem *m.*
racing cycle	bicicleta (*f.*) de carrera
velodrome, cycling stadium	velódromo *m.*
penny farthing	draisina *f.*

II. Main parts — Partes (*f*) principales.

handlebars *pl.*	manillar *m.*, guía *f.*
racing *o* drop handlebars *pl.*	manillar (*m.*) de carrera
handlebar grips	puños (*m. pl.*) del manillar
bell	timbre *m.*
hooter	bocina *f.*
front, back brake	freno (*m.*) delantero, trasero
brake handle	palanca (*f.*) del freno
brake cable	cable (*m.*) del freno
brake shoe *o* rubber	zapata (*f.*) del freno
saddle	sillín *m.*
saddle springs	muelles (*m. pl.*) del sillín

saddlebag	cartera *f.*
carrier	portaequipajes *m. inv.*
lightweight frame	cuadro (*m.*) ligero
crossbar	barra *f.*
gear lever *o* change [U.S., gearshift]	palanca (*f.*) de cambio de velocidades
front fork	horquilla (*f.*) delantera
dynamo	dinamo *m.*
lamp bracket	soporte (*m.*) del faro
lamp, front light	faro *m.*
rear light	piloto *m.*
reflector	catafaro *m.*
ball bearing	cojinete (*m.*) de bolas
front wheel	rueda (*f.*) delantera
spoke	radio *m.*
wing *o* butterfly nut	palometa *f.*
rim	llanta *f.*
tyre	neumático *m.*
inner tube	cámara (*f.*) de aire
valve	válvula *f.*
mudguard [U.S., fender]	guardabarros *m. inv.*
pedal	pedal *m.*
to pedal	pedalear
chain *o* sprocket wheel	plato *m.*
rear sprocket wheel	piñón *m.*
fixed wheel	piñón (*m.*) fijo
chain guard	cárter *m.*
chain	cadena *f.*
three-speed gear	piñón (*m.*) de tres velocidades
gear change mechanism	cambio (*m.*) de velocidades

III. Breakdowns and repairs — Averías (*f.*) y reparaciones, *f.*

buckled wheel	rueda (*f.*) alabeada
to lock [the wheel]	bloquearse (la rueda)
puncture	pinchazo *m.*
to mend, to fix	arreglar, reparar
tool bag, saddlebag	bolsa (*f.*) de herramientas
tool kit, repair kit, *sing.*	herramientas *f. pl.*
spanner	llave (*f.*) inglesa
tyre lever	desmontable *m.*
patch	parche *m.*
glue	disolución *f.*

BOATS/BARCOS

I. Different types — Distintos tipos, *m.*

aircraft carrier	portaaviones *m. inv.*
barge	barcaza *f.*, gabarra *f.*
battleship	acorazado *m.*
boat	barco *m.* (general term), buque *m.*, navío *m.* (large), barca *f.*, bote *m.* (small)
brig, brigantine	bergantín *m.*
canoe	canoa *f.*
caravel	carabela *f.*
cargo boat	carguero *m.*, buque (*m.*) de carga
coaster	barco (*m.*) de cabotaje

coastguard cutter *o* vessel	guardacostas *m. inv.*
cod-fishing boat	bacaladero *m.*
collier	barco (*m.*) carbonero
corvette	corbeta *f.*
cruiser	crucero *m.* (warship)
destroyer	destructor *m.*
ferry, ferryboat	transbordador *m.*
fishing boat	barco (*m.*) de pesca *or* pesquero
freighter	buque (*m.*) de carga, carguero *m.*
frigate	fragata *f.*
galleon; galley	galeón *m.*; galera *f.*
gunboat	cañonero *m.*, lancha (*f.*) cañonera
hovercraft	aerodeslizador *m.*
icebreaker	rompehielos *m. inv.*
launch	lancha *f.*
lifeboat	bote (*m.*) salvavidas, lancha (*f.*) de salvamento
lighter	barcaza *f.*, gabarra *f.*
liner, ocean liner	transatlántico *m.*
merchant ship, merchantman	buque (*m.*) mercante
minelayer	minador *m.*
minesweeper	dragaminas *m. inv.*
motorboat	motora *f.*, lancha (*f.*) motora
outboard	fuera bordo *or* borda *m. inv.*
paddle steamer *o* boat	vapor (*m.*) de ruedas
passenger boat	barco (*m.*) de pasajeros
patrol boat	patrullero *m.*
piragua, pirogue	piragua *f.*
raft	balsa *f.*
revenue cutter	guardacostas *m. inv.*
rowing boat	bote (*m.*) de remos
sailing boat *o* ship	velero *m.*, barco (*m.*) de vela
schooner	goleta *f.*
shallop	chalupa *f.*
ship	barco *m.*, buque *m.*, navío *m.*
skiff	esquife *m.*
sloop	balandro *m.*
steamer, steamship	vapor *m.*, buque (*m.*) de vapor
submarine	submarino *m.*
tanker	buque (*m.*) aljibe, petrolero *m.*
torpedo boat	torpedero *m.*
trawler	trainera *f.*
tug, tugboat	remolcador *m.*
vessel	nave *f.*, navío *m.*, buque *m.*, barco *m.*
whaler	ballenero *m.*
yacht	yate *m.*
yawl	yola *f.*

II. Main parts — Partes (*f.*) principales.

anchor	ancla *f.*
ballast	lastre *m.*
beam	bao *m.* (crosspiece), manga *f.* (breadth)
berth, bunk	litera *f.*
berth, cabin, stateroom	camarote *m.*
bilge	sentina *f.* (inner hull), pantoque *m.* (outer hull)
bow, prow	proa *f.*
bowline	bolina *f.*
bridge	puente (*m.*) de mando

bull's eye	ojo (*m.*) de buey, portilla *f.*
bulwark	borda *f.*
capstan	cabrestante *m.*
cathead	serviola *f.*, pescante *m.*
compass	brújula *f.*, compás *m.*
conning tower	torre (*f.*) de mando (of ship), torrecilla *f.* (of submarine)
cutwater	tajamar *m.*, espolón *m.*
deck	cubierta *f.*
engine room	sala (*f.*) de máquinas
figurehead	mascarón (*m.*) de proa
forecastle	castillo (*m.*) de proa
frame	cuaderna *f.* (rib), armazón *f.* (entire framework)
funnel	chimenea *f.*
galley	cocina *f.*
gangplank	plancha *f.*
gangway	pasamano *m.* (platform), portalón *m.* (opening), plancha *f.* (gangplank)
grapnel, grappling iron	rezón *m.*
gun turret	torreta *f.*
gunwale, gunnel	regala *f.*, borda *f.*
hammock	coy *m.*
hatchway	escotilla *f.*
hawsehole, hawse	escobén *m.*
helm	timón *m.*
hold	bodega *f.*
hull; keel	casco *m.*; quilla *f.*
lantern	farol *m.*, fanal *m.*
length	eslora *f.*
logbook	cuaderno (*m.*) de bitácora
midship	crujía *f.*
midship frame	cuaderna (*f.*) maestra
oar	remo *m.*
oarlock, rowlock	escálamo *m.*, tolete *m.*
orlop	sollado *m.*
periscope	periscopio *m.*
poop, stern	popa *f.*
poop deck	castillo (*m.*) de popa, toldilla *f.*
port, gun port	porta *f.*
port, port side	babor *m.*
porthole	portilla *f.*, porta *f.*
powder magazine	santabárbara *f.*, pañol (*m.*) de municiones
quarterdeck	alcázar *m.*
rib	cuaderna *f.*, costilla *f.*
rudder	timón *m.*
screw, propeller	hélice *f.*
scuttle	escotilla *f.*
starboard	estribor *m.*
steerage	entrepuente *m.*
stem	roda *f.*
sternpost	codaste *m.*
storeroom	pañol *m.*
tiller	caña (*f.*) del timón
torpedo tube	tubo (*m.*) lanzatorpedos
waterline	línea (*f.*) de flotación
windlass, winch	molinete *m.*, chigre *m.*, maquinilla *f.*

III. Rigging. — Aparejo, *m.*

mast	palo *m.*, mástil *m.*
mainmast	palo (*m.*) mayor
mizzenmast	palo (*m.*) de mesana
foremast	palo (*m.*) de trinquete
topmast	mastelero *m.*
topgallant mast	mastelerillo *m.*
yard	verga *f.*

boom	tangón *m.*, botalón *m.*
bowsprit; top	bauprés *m.*; cofa *f.*
canvas	velamen *m.* (sails), vela *f.* (sail)
lateen sail	vela (*f.*) latina
mainsail	vela (*f.*) mayor
staysail	vela (*f.*) de estay
jib; shroud	foque *m.*; obenque *m.*
halyard; lanyard	driza *f.*; acollador *m.*

See also SAILING

CHEMISTRY/QUÍMICA

I. Laboratory — Laboratorio, *m.*

Bunsen burner	mechero (*m.*) Bunsen
product	producto *m.*
flask	frasco *m.*
apparatus	aparato *m.*
pH indicator	indicador (*m.*) pH
matrass	matraz *m.*
litmus	tornasol *m.*
litmus paper	papel (*m.*) de tornasol
graduate, graduated flask	probeta (*f.*) graduada
reagent	reactivo *m.*
test tube	tubo (*m.*) de ensayo
burette	bureta *f.*
retort	retorta *f.*
still	alambique *m.*
cupel	copela *f.*
crucible, melting pot	crisol *m.*
pipette	pipeta *f.*
filter	filtro *m.*
stirring rod	agitador *m.*

II. Composition — Composición, *f.*

element	elemento *m.*
body	cuerpo *m.*
compound	compuesto *m.*
atom	átomo *m.*
gram atom	átomo-gramo *m.*
molecule	molécula *f.*
electrolyte	electrólito *m.*
ion	ión *m.*
anion	anión *m.*
cation	catión *m.*
electron	electrón *m.*
isotope	isótopo *m.*
isomer	isómero *m.*
polymer	polímero *m.*
symbol	símbolo *m.*
radical	radical *m.*
structural formula	fórmula (*f.*) desarrollada
valence, valency	valencia *f.*
monovalent, bivalent	monovalente, bivalente
halogen	halógeno *m.*
bond	enlace *m.*
mixture	mezcla *f.*
combination (operación); compound (compuesto),	combinación *f.*
alloy	aleación *f.*
atomic weight	peso (*m.*) atómico
atomic number	número (*m.*) atómico
atomic mass	masa (*f.*) atómica

III. Elements — Elementos, *m.*

metal	metal *m.*
metalloid	metaloide *m.*
lead	plomo *m.* (Pb)
iron	hierro *m.* (Fe)
gold	oro *m.* (Au)
silver	plata *f.* (Ag)
platinum	platino *m.* (Pt)
copper	cobre *m.* (Cu)
nickel	níquel *m.* (Ni)
aluminium	aluminio *m.* (Al)
zinc	cinc *m.* (Zn)
tin	estaño *m.* (Sn)
mercury	mercurio *m.* (Hg)
oxygen	oxígeno *m.* (O)
nitrogen	nitrógeno *m.* (N)
helium	helio *m.* (He)
hydrogen	hidrógeno *m.* (H)
krypton	criptón *m.* (Kr)
carbon	carbono *m.* (C)
potassium	potasio *m.* (K)
sodium	sodio *m.* (Na)
sulphur	azufre *m.* (S)
phosphorus	fósforo *m.* (P)
iodine	yodo *m.* (I)
calcium	calcio *m.* (Ca)
barium	bario *m.* (Ba)
manganese	manganeso *m.* (Mn)
fluorine	flúor *m.* (F)
chlorine	cloro *m.* (Cl)
boron	boro *m.* (B)
bromine	bromo *m.* (Br)
magnesium	magnesio *m.* (Mg)
antimony	antimonio *m.* (Sb)
cobalt	cobalto *m.* (Co)
curium	curio *m.* (Cm)
uranium	uranio *m.* (U)
radium	radio *m.* (Ra)
plutonium	plutonio *m.* (Pu)
radon	radón *m.* (Rn)

IV. Compounds — Compuestos, *m.*

organic chemistry	química (*f.*) orgánica
inorganic chemistry	química (*f.*) inorgánica
derivative	derivado *m.*
series	serie *f.*
acid	ácido *m.*
hydrochloric, sulphuric, nitric acid	ácido (*m.*) clorhídrico, sulfúrico, nítrico
nitric acid, aqua fortis	agua (*f.*) fuerte
fatty acid	ácido (*m.*) graso
organic acid	ácido (*m.*) orgánico
hydrosulphuric acid; hydrogen sulfide	ácido (*m.*) sulfhídrico; sulfuro (*m.*) de hidrógeno
alkali	álcali *m.*
ammonia	amoniaco *m.*
base	base *f.*
hydrate; hydroxide	hidrato *m.*; hidróxido *m.*
hydracid	hidrácido *m.*
hydrocarbon	hidrocarburo *m.*
anhydride	anhídrido *m.*
alkaloid	alcaloide *m.*
aldehyde	aldehído *m.*
oxide	óxido *m.*
phosphate	fosfato *m.*
acetate	acetato *m.*
methane	metano *m.*
butane	butano *m.*

salt	sal *f.*
suffixes :	*sufijos* :
-ide	-uro
-ate	-ato
-ite	-ito
-ous	-oso
-ic	-ico
potassium carbonate	carbonato (*m.*) de potasio *or* potásico
soda; sodium carbonate	sosa *f.*; carbonato (*m.*) sódico
caustic potash	potasa (*f.*) cáustica
caustic soda	sosa (*f.*) cáustica
ester	éster *m.*
gel	gel *m.*

V. Chemical reaction — Reacción (*f.*) química.

analysis	análisis *m.*
fractionation	fraccionamiento *m.*
endothermic reaction	reacción (*f.*) endotérmica
exothermic reaction	reacción (*f.*) exotérmica
precipitation	precipitación *f.*
precipitate	precipitado *m.*
to distil, to distill	destilar
distillation	destilación *f.*
to calcine	calcinar
to oxidize	oxidar
alkalinization	alcalinización *f.*
to oxigenate, to oxidize	oxigenar
to neutralize	neutralizar
to hydrogenate	hidrogenar
to hydrate	hidratar
to dehydrate	deshidratar
fermentation	fermentación *f.*
solution	solución *f.*
combustion	combustión *f.*
fusion, melting	fusión *f.*
alkalinity	alcalinidad *f.*
isomerism, isomery	isomería *f.*
hydrolysis	hidrólisis *f.*
electrolysis	electrólisis *f.*
electrode	electrodo *m.*
anode	ánodo *m.*
cathode	cátodo *m.*
catalyst	catalizador *m.*
catalysis	catálisis *f.*
oxidization, oxidation	oxidación *f.*
reduction	reducción *f.*
reducer	reductor *m.*
dissolution, solution	disolución *f.*
synthesis	síntesis *f.*
reversible	reversible

CHRISTIAN NAMES/NOMBRES DE PILA

(Su forma familiar está entre paréntesis)

I. Masculine names — Nombres (*m.*) masculinos.

Abraham (*Abe*)	Abrahán
Adolph	Adolfo
Adrian	Adriano
Alan	Alano
Austin, Augustin	Agustín
Albert	Alberto
Alexander (*Alex, Alec, Al*)	Alejandro

Alphonso	Alfonso
Alfred (*Alf, Alfie*)	Alfredo
Andrew (*Andy*)	Andrés
Anthony (*Tony*)	Antonio (*Toni, Tonete*)
Arthur (*Art*)	Arturo
Augustus (*Gus, Gussie*)	Augusto
Bartholomew (*Bart*)	Bartolomé (*Bartolo*)
Benedict (*Bennet, Bennett*)	Benito
Benjamin (*Ben, Bennie*)	Benjamín
Bernard (*Bernie, Bern*)	Bernardo
Charles (*Chas, Charlie*)	Carlos
Clement (*Clem*)	Clemente
Christopher (*Chris*)	Cristóbal
Daniel (*Dan, Danny*)	Daniel
David (*Dave, Davy*)	David
Dennis	Dionisio
Edward (*Ted, Teddie, Ed, Eddie*)	Eduardo
Elijah, Ellis, Eliot, Elliot	Elías
Emil	Emilio
Henry (*Harry, Hank*)	Enrique
Ernest	Ernesto
Stanislaus, Stanly (*Stan*)	Estanislao
Stephen, Steven (*Steve*)	Esteban
Frederick (*Fred, Freddy*)	Federico
Philip (*Phil*)	Felipe
Ferdinand	Fernando (*Nano*)
Francis (*Frank, Franky*)	Francisco (*Paco, Paquito, Pancho, Curro, Frasquito*)
Gabriel (*Gaby, Gabe*)	Gabriel
Gerald (*Jerry, Gary*)	Gerardo
Gregory (*Greg*)	Gregorio
Walter	Gualterio
William (*Will, Willy, Bill, Billy*)	Guillermo
Gustavus (*Gus*)	Gustavo
Harold (*Hal*)	Haroldo
Hugh	Hugo
Ignatius	Ignacio (*Nacho*)
Isaac	Isaac
James (*Jim, Jimmy*)	Jaime, Jacobo, Santiago, Diego
Xavier	Javier
Joachim	Joaquín
George (*Georgie*)	Jorge
Joseph (*Joe, Joey*)	José (*Pepe*)
John (*Johnny, Jack*)	Juan
Julian	Julián
Julius (*Jule*)	Julio
Leonard (*Len, Lenny*)	Leonardo
Leopold	Leopoldo (*Polo*)
Lawrence, Laurence (*Larry, Lawry*)	Lorenzo (*Loren*)
Lewis (*Lew*)	Luis
Emmanuel (*Manny*)	Manuel (*Manolo*)
Mark, Marcus	Marcos
Martin (*Marty*)	Martín
Matthew (*Matt, Mat*)	Mateo
Matthias	Matías
Morris, Maurice (*Morrie, Morry*)	Mauricio
Michael (*Mike, Micky*)	Miguel
Nicholas (*Nick*)	Nicolás
Oliver (*Noll*)	Oliverio
Paul	Pablo
Patrick (*Pat, Paddy*)	Patricio
Peter (*Pete*)	Pedro (*Perico*)
Raphael	Rafael (*Rafa*)
Raymond (*Ray*)	Raimundo
Raymond (*Ray*)	Ramón (*Moncho*)
Ralph	Raúl
Richard (*Dick, Dicky*)	Ricardo
Robert (*Bob, Rob, Robby*)	Roberto
Rudolph	Rodolfo
Samuel (*Sam, Sammy*)	Samuel
Simon	Simón
Theodore (*Ted, Teddy*)	Teodoro (*Teo*)

Timothy (*Tim*)	Timoteo
Thomas (*Tom, Tommy*)	Tomás
Vincent (*Vince*)	Vicente
Victor (*Vic*)	Víctor

II. Feminine names — Nombres (*m.*) femeninos.

Adela, Ethel (*Della*)	Adela
Alexandra (*Sandra*)	Alejandra
Alice	Alicia
Anne, Ann, Anna, Hannah (*Nan, Nancy*)	Ana
Barbara	Bárbara
Beatrice, Beatrix (*Trixie*)	Beatriz
Bridgit	Brígida
Charlotte	Carlota
Caroline, Carol	Carolina
Catherine, Kathleen (*Cathy, Kate, Kitty, Kay*)	Catalina
Clara, Clare	Clara
Christine (*Chris, Chrissie, Tina*)	Cristina
Diana	Diana
Dorothy (*Dora, Dolly, Dot*)	Dorotea
Edith	Edita
Ellen, Helen (*Nell, Nelly*)	Elena
Henrietta, Harriet (*Hattie*)	Enriqueta
Esther, Hesther, Hester (*Hetty*)	Ester
Eve	Eva
Florence (*Flo, Flossie*)	Florencia
Frances (*Fran, Fanny, France*)	Francisca (*Paca, Paquita, Frasquita*)
Agnes (*Aggie*)	Inés
Irene	Irene
Elizabeth, Elisabeth, Isabella (*Liz, Lizzie, Beth, Betty, Bess, Bessie*)	Isabel
Joan, Jane, Jean (*Janie, Jeanie, Jenny*)	Juana
Josephine (*Jo*)	Josefa (*Pepa, Pepita*)
Julia (*Juliet*)	Julia (*Juli*)
Juliana, Gillian (*Gill, Jill*)	Juliana
Eleanor, Leonore, Leonora (*Nell, Nora*)	Leonor
Lucy	Lucía
Louise	Luisa
Madeline, Magdalene (*Madge*)	Magdalena
Mary (*Molly, Moll, Polly, May, Mae*)	María (*Mari*)
Margaret, Marjorie (*Maggie, Madge, Maisy, Meg, Mog, Peggy, Marge*)	Margarita (*Margara*)
Matilda, Mathilda (*Maud, Tilly, Tilda*)	Matilde
Rosemary (*Rose, Rosy*)	Rosa
Rosalind	Rosalinda
Sarah (*Sally*)	Sara
Sophie, Sophia (*Sophy*)	Sofía (*Sofi*)
Susan, Susannah (*Sue, Susie*)	Susana
Teresa, Theresa (*Terry, Tess*)	Teresa (*Tere*)
Victoria (*Vickie*)	Victoria
Virginia (*Ginnie*)	Virginia

III. Nombres españoles sin equivalentes en inglés.

Álvaro *m.*, Amparo *f.*, Ángel *m.*, Angustias *f.*, Asunción (*Asun*) *f.*, Aurelia *f.*, Carmen (*Menchu*) *f.*, Concepción (*Concha, Conchita*) *f.*, Consuelo *f.*, Dolores (*Lola, Lolita*) *f.*, Domingo *m.*, Encarnación (*Encarna*) *f.*, Gonzalo *m.*, Guadalupe *f.*, Jesús (*Chucho*) *m.*, Lurdes *f.*, Mercedes (*Merche*) *f.*, Nieves *f.*, Paloma *f.*, Pilar *f.*, Purificación (*Pura*) *f.*, Rosario (*Charo*) *f.*, Salvador *m.*, Sergio *m.*, Sol *f.*, Soledad *f.*, Tecla *f.*, Trinidad (*Trini*) *f.*

IV. English Christian names without equivalents in Spanish.

Masculine — Brian, Cedric, Colin, Clive, Clyde, Derrick, Desmond, Donald, Douglas, Gordon, Howard, Humphrey, Kelvin, Malcolm, Niel, Noel, Ronald, Roy, Stewart *o* Stuart, Terrence

Feminine — Edna, Gladys, Hilda, June, Linda.

CINEMATOGRAPHY/CINEMATOGRAFÍA

I. General terms — Generalidades, *f.*

film industry	industria (*f.*) cinematográfica
cinematograph	cinematógrafo *m.*
cinema, pictures *pl.* [U.S., movies *pl.*]	cine *m. sing.*
cinema, picture house [U.S., movie theater]	cine *m.*, sala (*f.*) de cine
first-run cinema	cine (*m.*) de estreno
second-run cinema	cine (*m.*) de reestreno
art theatre	cine (*m.*) de arte y ensayo
film society [U.S., film club]	cineclub *m.*
film library	cinemateca *f.*, filmoteca *f.*
continuous performance cinema	cine (*m.*) de sesión continua
première	estreno *m.*
release	salida *f.*, estreno *m.*
film festival	festival (*m.*) de cine
distributor	distribuidor *m.*
shooting schedule	plan (*m.*) de rodaje
Board of Censors	censura *f.*
censor's certificate	visado (*m.*) de la censura
banned film	película (*f.*) prohibida
A-certificate	prohibida a menores de 16 años
U-certificate	apta para todos
X-certificate	reservada para mayores
direction	dirección *f.*, realización *f.*
production	producción *f.*
adaptation	adaptación *f.*
scenario, screenplay, script	guión *m.*
scene	escena *f.*
exterior	exteriores *m. pl.*
lighting	luminotecnia *f.*
shooting	rodaje *m.*
to shoot	rodar
dissolve	encadenado *m.*
fade-out; fade-in	fundido *m.*
recording	grabado *m.*, grabación *f.*

sound recording	toma (*f.*) del sonido
slow motion	cámara (*f.*) lenta
sound effects	efectos (*m.*) sonoros
special effects	efectos (*m.*) especiales, trucajes *m.*
mix, mixing	mezcla *f.*
editing, cutting	montaje *m.*
dubbing	doblaje *m.*
postsynchronization	postsincronización *f.*
studio	estudio *m.*
(motion) film studio	estudio (*m.*) cinematográfico
set, stage, floor	plató *m.*, escenario *m.*
properties, props	accesorios *m.*, atrezzo *m. sing.*
dolly	plataforma (*f.*) rodante, travelling *m.*, travelín *m.*
spotlight	proyector *m.*, foco *m.*
clapper boards	claqueta *f. sing.*
microphone	micrófono *m.*
boom	jirafa *f.*
scenery	decorados *m. pl.*

II. Filming, shooting — Toma (*f.*) de vistas.

camera	cámara *f.*
shooting angle	ángulo (*m.*) de toma de vistas
high angle shot	picado *m.*
long shot	plano (*m.*) largo *or* de conjunto
full shot	plano (*m.*) general
close-up, close shot	primer plano *m.*
medium shot	plano (*m.*) medio
background	segundo plano *m.*
three-quarter shot	plano (*m.*) americano
pan	panorámica *f.*
frame, picture	imagen *f.*
still	fotograma *m.*
double exposure	doble exposición *f.*
superimposition	sobreimpresión *f.*
exposure meter	fotómetro *m.*, exposímetro *m.*
printing	positivado *m.*, tiraje *m.*

III. Films — Películas, *f.*

film, motion picture, picture [U.S., movie]	película *f.*, filme *m.*
newsreel	actualidades *f. pl.*, noticiario *m.*
documentary (film)	documental *m.*
serial	película (*f.*) en jornadas *or* de episodios
trailer	avance *m.*, trailer *m.*
cartoon (film)	dibujos (*m. pl.*) animados
footage	metraje *m.*
full-length film, feature film	largometraje *m.*
short (film)	cortometraje *m.*
colour film [U.S., color film]	película (*f.*) en color
silent film	película (*f.*) muda
silent cinema *o* films	cine (*m. sing.*) mudo
sound motion picture, talkie	película (*f.*) sonora
cinemascope	cinemascope *m.*
cinerama	cinerama *m.*
title	título *m.*

original version	versión (*f.*) original
dialogue	diálogo *m.*
dubbed film	película (*f.*) doblada
subtitles, subtitling	subtítulos *m. pl.*
credits, credit titles	ficha (*f. sing.*) técnica
telefilm	telefilm *m.*

IV. Actors — Actores, *m.*

cast	reparto *m.*
film star, movie star	estrella (*f.*) de cine
star, lead	intérprete (*m.* y *f.*) principal
double, stand-in	doble *m.* y *f.*
stunt man	doble (*m.*) especial
extra, walker-on	extra *m.* y *f.*

V. Technicians — Técnicos, *m.*

adapter	adaptador *m.*
scenarist, scriptwriter	guionista *m.* y *f.*
dialogue writer	dialoguista *m.* y *f.*
production manager	director (*m.*) de producción
producer	productor *m.*
film director	director (*m.*) de cine, realizador *m.*
assistant director	ayudante (*m.*) de dirección
cameraman	operador *m.*
assistant cameraman	ayudante (*m.*) del operador
set photographer	fotógrafo *m.*
property manager, props man	attrezzista *m.*, accesorista *m.*
art director [U.S., set decorator]	decorador *m.*
stagehand	maquinista *m.*
lighting engineer	luminotécnico *m.*
sound engineer, recording director	ingeniero (*m.*) del sonido
film cutter	montador *m.*
script girl, continuity girl	script girl, secretaria (*f.*) de rodaje

VI. Projection — Proyección, *f.*

reel, spool	bobina *f.*
sound track	banda (*f.*) sonora
showing, screening, projection	proyección *f.*
projector	proyector *m.*
projection booth *o* room	cabina (*f.*) de proyección
panoramic screen	pantalla (*f.*) panorámica

See also PHOTOGRAPHY

CLOTHING/ROPA

clothes *pl.*, garments *pl.* (ropa), dress (de mujer)	vestido *m.*
clothes *pl.*, garments *pl.*	vestimenta *f.*
wardrobe, clothes *pl.*	vestuario *m.*
clothing, clothes *pl.*, garments *pl.*	vestidura *f.*, indumentaria *f.*, indumento *m.*, atavío *m.*, atuendo *m.*
habit	hábito *m.*
garment	prenda (*f.*) de vestir
ready-made *o* ready-to-wear clothes *pl.*	ropa (*f.*) hecha
suit (de hombre), dress (de mujer)	traje *m.*
double-breasted suit	traje (*m.*) cruzado
tailored suit	traje (*m.*) sastre *or* de chaqueta
town clothes *pl.*	traje (*m.*) de calle
everyday clothes *pl.*	traje (*m.*) de diario
evening, formal dress	traje (*m.*) de noche, de etiqueta
tailcoat, morning coat	chaqué *m.*
dress coat, tails *pl.*	frac *m.*
dinner jacket [U.S., tuxedo]	smoking *m.*
three-piece suit	terno *m.*
trousseau (de novia), layette (de niño)	ajuar *m.*
uniform	uniforme *m.*
full dress uniform	uniforme (*m.*) de gala
overalls *pl.*; rompers *pl.*	mono *m.*; pelele *m.*
gown, robe (de magistrado)	toga *f.*
tunic	túnica *f.*
overcoat (de hombre), coat (de mujer)	abrigo *m.* [*Amer.*, tapado *m.*]
overcoat, topcoat	gabán *m.*
fur coat	abrigo (*m.*) de pieles
overcoat	sobretodo *m.*
cape, cloak	capa *f.*
mantle, cloak	manto *m.*
jellaba, djellaba, jelab	chilaba *f.*
three-quarter coat	chaquetón *m.*
sheepskin jacket	zamarra *f.*
pelisse	pelliza *f.*
mac, mackintosh, raincoat	impermeable *m.*, gabardina *m.*
anorak; duffle coat	anorak *m.*; trenca *f.*
poncho	poncho *m.*
hood; scarf, muffler	capucha *f.*; bufanda *f.*
shawl	mantón *m.*, chal *m.*
knitted shawl	toquilla *f.*
fur stole	estola (*f.*) de pieles
muff	manguito *m.*
jacket	chaqueta *f.*, americana *f.* [*Amer.*, saco *m.*]
pocket	bolsillo *m.*
lapel	solapa *f.*
dress coat; frock coat	casaca *f.*; levita *f.*
jerkin	cazadora *f.*
waistcoat	chaleco *m.*
dust coat (prenda de vestir), housecoat [U.S., duster] (bata), overall (de niño, dependiente)	guardapolvo *m.*
dressing gown (salto de cama), housecoat [U.S., duster] (traje de casa)	bata *f.*
short dressing gown	batín *m.*
dressing gown	salto (*m.*) de cama
bathrobe	albornoz *m.*
ulster	ruso *m.*

kimono	quimono *m.*
shirt	camisa *f.*
detachable collar	cuello (*m.*) postizo
wing collar	cuello (*m.*) de pajarita *or* de palomita
roll *o* polo neck	cuello (*m.*) vuelto
V-neck	cuello (*m.*) de pico
sleeve; cuff	manga *f.*; puño *m.*
buttonhole	ojal *m.*
blouse	blusa *f.*
T-shirt (camisa corta), vest [U.S., undershirt] (de ropa interior)	camiseta *f.*
nightgown, nightdress (de mujer), nightshirt (de hombre)	camisón *m.*, camisa (*f.*) de dormir
pyjamas *pl.* [U.S., pajamas *pl.*]	pijama *m.* [*Amer.*, piyama *m.*]
polo shirt; T-shirt	polo *m.*; niqui *m.*
middy blouse	marinera *f.*
bolero	bolero *m.*
sweater	jersey *m.*
short-sleeved sweater	jersey (*m.*) de mangas cortas
roll-neck sweater	jersey (*m.*) de cuello vuelto
round-neck sweater	jersey (*m.*) con escote redondo
suit, outfit, ensemble (vestido), twinset (de jersey)	conjunto *m.*
cardigan	rebeca *f.*
trousers *pl.*	pantalón *m.*
jeans *pl.*	pantalón (*m.*) vaquero
short trousers	pantalones (*m. pl.*) cortos
knickers *pl.* (de niño), knickerbockers *pl.* (de hombre)	pantalón (*m.*) bombacho
plus fours *pl.*	pantalón (*m.*) de golf
braces [U.S., suspenders]	tirantes *m. pl.*
turnup	vuelta *f.*
breeches	calzas *f. pl.*
trousers	calzones *m. pl.*
belt	cinturón *m.*
skirt	falda *f.* [*Amer.*, pollera *f.*]
divided skirt, split skirt	falda (*f.*) pantalón
underwear, underclothes *pl.*	ropa (*f.*) blanca
underpants, pants [U.S., shorts]	calzoncillos *m. pl.*
briefs *pl.* (de hombre), panties *pl.* (de mujer)	slip *m.*
panties, knickers	bragas *f. pl.*, cucos *m. pl.*
brassière, bra	sostén *m.*
corselet	ajustador *m.*
girdle; stays *pl.*, corset	faja *f.*; corsé *m.*
slip, petticoat	combinación *f.*
petticoat *sing.*, underskirt *sing.*	enaguas *f. pl.*
stockings	medias *f. pl.*
suspenders [U.S., garters]	ligas *f. pl.*
suspender belt [U.S., garter belt]	liguero *m.*
socks	calcetines *m. pl.*
tights *pl.*, leotard	leotardo *m.*
handkerchief	pañuelo *m.*
bathing trunks *pl.*	taparrabo *m.*
bathing costume, swimsuit, bathing suit	bañador *m.*, traje (*m.*) de baño
bikini	bikini
apron (sin peto), pinafore (con peto)	delantal *m.*
apron	mandil *m.*
shoe	calzado *m.*, zapato *m.*
sole; heel	suela *f.*; tacón *m.*
lace	cordón *m.*
patent leather shoes	zapatos (*m. pl.*) de charol
moccasin	mocasín *m.*

boot ,	bota *f.*
slippers	zapatillas *f. pl.*, chinelas *f. pl.*
sandal	sandalia *f.*
canvas shoes, rope-soled shoes	alpargatas *f. pl.*
clog (de madera), galosh, overshoe (de goma)	chanclo *m.*
clog, sabot, wooden shoe	zueco *m.*
glove	guante *m.*
tie [U.S., necktie]	corbata *f.*
bow tie	corbata (*f.*) de pajarita *or* de lazo
cravat	chalina *f.*
hat	sombrero *m.*
bowler hat	sombrero (*m.*) hongo *or* melón *or* bombín
top hat	sombrero (*m.*) de copa
Panama hat	jipijapa *f.*
beret	boina *f.*
peaked cap, cap with a visor	gorra *f.*
cap	gorro *m.*
hat, headdress	tocado *m.*
turban	turbante *m.*
broad-brimmed straw hat	pamela *f.*
veil	velo *m.*

COMPUTER/COMPUTADORA, ORDENADOR

access arm	brazo (*m.*) de acceso
access time	tiempo (*m.*) de acceso
adder	sumadora *f.*
address	dirección *f.*
alphanumeric	alfanumérico, ca
analog computer	calculador (*m.*) analógico
analyst	analista *m.* & *f.*
area	área *f.*
array	serie *f.*, matriz *f.*
assembler	ensamblador *m.*
automation	automatización *f.*
band	banda *f.*
batch processing	tratamiento (*m.*) por lotes
binary code	código (*m.*) binario
binary digit, bit	dígito (*m.*) binario, "bit" *m.*
branch	bifurcación *f.*
brush	escobilla *f.*
buffer storage	memoria (*f.*) intermedia
calculator	calculadora *f.*
call instruction	instrucción (*f.*) de llamada
card punch	perforadora (*f.*) de tarjetas
card reader	lector (*m.*) de tarjetas
cell	célula *f.*
channel	canal *m.*
character	carácter *m.*
check digit	dígito (*m.*) de comprobación
circuit	circuito *m.*
clear (to)	borrar
clock	reloj *m.*
code; code (to)	código *m.*; codificar
coder	codificador *m.*
command	orden *f.*, instrucción *f.*
compiler	compilador *m.*
computer language	lenguaje (*m.*) de máquina
console	pupitre *m.*, consola *f.*
control unit	unidad (*f.*) de control
core storage *o* store	memoria (*f.*) de núcleos
counter	contador *m.*

cybernetics	cibernética *f.*
cycle	ciclo *m.*
data	datos *m.*, información *f. sing.*
data processing	informática *f.* (science), tratamiento (*m.*) de la información, procesamiento (*m.*) *or* proceso (*m.*) de datos
debugging	depuración *f.*
decision	decisión *f.*
digit	dígito, *m.*
digital computer	calculador (*m.*) digital
disc, disk	disco *m.*
display unit	unidad (*f.*) de representación visual
drum	tambor *m.*
edit (to)	editar, revisar
electronics	electrónica *f.*
emitter	emisor *m.*
encode (to)	codificar
erase (to)	borrar
feed	alimentación *f.*
feed (to)	alimentar
feedback	realimentación *f.*
field	campo *m.*
file	archivo *m.*, fichero *m.*
flow chart	organigrama *m.*
frame	encuadre *m.*
hardware	hardware *m.*, maquinaria *f.*, equipos (*m. pl.*) y dispositivos
identifier	identificador *m.*
index	índice *m.*
information	información *f.*
inline processing	proceso (*m.*) lineal
input	entrada *f.*
inquiry	consulta *f.*, interrogación *f.*
instruction	instrucción *f.*
integrated circuit	circuito (*m.*) integrado
interpret (to)	interpretar
item	unidad (*f.*) de información (characters), registro *m.* (of a file)
jump	salto *m.*
key	tecla *f.*
keyboard	teclado *m.*
latency time	tiempo (*m.*) de espera
library	biblioteca *f.*
linkage	enlace *m.*
load (to)	cargar
location	posición *f.*
logger	registrador (*m.*) automático
loop	circuito *m.*; bucle *m.*
machine language	lenguaje (*m.*) de máquina
magnetic storage	memoria (*f.*) magnética
magnetic tape	cinta (*f.*) magnética
matrix	matriz *f.*
memory	memoria *f.*
message	mensaje *m.*
module	módulo *m.*
monitor	monitor *m.*
nanosecond	nanosegundo *m.*
network	red *f.*
numeric, numerical	numérico, ca
octet	octeto *m.*
operator	operador *m.*
optical character reader	lector (*m.*) óptico de caracteres
optical scanner	explorador (*m.*) óptico
output	salida *f.*
overflow	exceso (*m.*) de capacidad
panel	tablero *m.*
parameter	parámetro *m.*
perforator	perforadora *f.*
peripheral equipment	equipo (*m.*) periférico
printed circuit	circuito (*m.*) impreso

printer	impresora *f.*
process (to)	tratar
processing unit	unidad (*f.*) de tratamiento
program; program (to)	programa *m.;* programar
programmer	programador *m.*
programming	programación *f.*
pulse	impulso *m.*
punch; punch (to)	perforadora *f.;* perforar
punched *o* punch card	tarjeta (*f.*) *or* ficha (*f.*) perforada
punched *o* punch tape	cinta (*f.*) perforada
punch hole	perforación *f.*
random access	acceso (*m.*) al azar
read (to); reader	leer; lector *m.*
reading	lectura *f.*
real time	tiempo (*m.*) real
record, register	registro *m.*
redundancy	redundancia *f.*
routine	rutina *f.*
selector	selector *m.*
sentinel	centinela *m.*
sequence; sequential	secuencia *f.;* secuencial
serial	en serie
shift	desplazamiento *m.*
signal	señal *f.*
simulation	simulación *f.*
simulator	simulador *m.*
software	"software" *m.*, programas (*m. pl.*) y procedimientos
sort (to); sort	clasificar; clasificación *f.*
sorter	clasificadora *f.*
storage	almacenamiento *m.* (operation), memoria *f.* (device).
store (to)	almacenar
subprogram	subprograma *m.*
subroutine	subrutina *f.*
switch	conmutador *m.*
symbol	símbolo *m.*
symbolic language	lenguaje (*m.*) simbólico
system	sistema *m.*
tabulator	tabuladora *f.*
teleprinter	teleimpresor *m.*
terminal	terminal *m.*
terminal unit	unidad (*f.*) terminal
timer	cronómetro
time sharing	tiempo (*m.*) compartido
timing	sincronización *f.*
track	pista *f.*
transducer	transductor *m.*
translater	traductor *m.*
update (to)	actualizar
working storage	memoria (*f.*) de trabajo

CONFERENCES/CONFERENCIAS

I. Meetings — Reuniones, *f.*

assembly	asamblea *f.*
convention	reunión *f.*, congreso *m.*
general meeting *o* assembly	asamblea (*f.*) general
congress	congreso *m.*
seat, headquarters	sede *f. sing.*
governing body	órgano (*m.*) director
board of directors	consejo (*m.*) de administración
executive council *o* board	consejo (*m.*) ejecutivo
standing body	organismo (*m.*) permanente

committee, commission	comisión *f.*
subcommittee	subcomisión *f.*
general committee, officers, bureau	mesa *f. sing.*
secretariat	secretaría *f.*
budget committee	comisión (*f.*) de presupuestos
drafting committee	comisión (*f.*) de redacción
committee of experts	comisión (*f.*) de expertos
advisory *o* consultative committee	comisión (*f.*) asesora *or* consultiva
round table	mesa (*f.*) redonda
symposium	simposio *m.*
study group	grupo (*m.*) de estudios
seminar	seminario *m.*
working party	grupo (*m.*) de trabajo
sit (to), meet (to), to hold a meeting	celebrar sesión, reunirse
sitting, meeting [U.S., session]	sesión *f.*
session [U.S., meeting]	período (*m.*) de sesiones, reunión *f.*
meeting in camera [U.S., executive session]	sesión (*f.*) a puerta cerrada
opening, final sitting	sesión (*f.*) de apertura, de clausura
formal sitting	sesión (*f.*) solemne
plenary meeting	sesión (*f.*) plenaria, plenaria *f.*, pleno *m.*

II. Participants — Participantes, *m.*

head of delegation	jefe (*m.*) de delegación
permanent delegate	delegado (*m.*) permanente
membership	calidad (*f.*) de miembro
member	miembro *m.*
member as of right	miembro (*m.*) de derecho
life member	miembro (*m.*) vitalicio
full-fledged member	miembro (*m.*) con plenos poderes
full powers	plenos poderes *m.*
terms of reference	mandato *m. sing.*
representative	representante *m.*
alternate, substitute	suplente *m.* y *f.*, sustituto, ta
with a right to vote	con voz y voto
observer	observador *m.*
technical adviser	asesor (*m.*) técnico
auditor	interventor (*m.*) de cuentas
office	cargo *m.*, puesto *m.*
holder of an office	titular (*m.*) de un cargo
honorary president	presidente (*m.*) honorario
chairman	presidente *m.*
presidency, chairmanship, chair	presidencia *f.*
interim chairman	presidente (*m.*) interino
chair (to)	presidir
vice-president, vice-chairman	vicepresidente *m.*
rapporteur	ponente *m.* [*Amer.*, relator *m.*]
former chairman [U.S., past chairman]	ex presidente *m.*
director general	director (*m.*) general
deputy director general	director (*m.*) general adjunto.
secretary general	secretario (*m.*) general
executive secretary	secretario (*m.*) ejecutivo
treasurer	tesorero *m.*
officials	funcionarios *m.*
consultant	consultor *m.*
précis writer	secretario (*m.*) *or* redactor (*m.*) de actas
ushers	ordenanzas *m.*

III. Debate — Debate, *m.*

hall	sala *f.*
rostrum	tribuna (*f.*) de oradores
public gallery	tribuna (*f.*) pública
notice board	tablón (*m.*) de anuncios
convene (to), convoke (to)	convocar
convocation	convocatoria *f.*
standing orders, by-laws	reglamento (*m. sing.*) general
rules of procedure	reglamento (*m. sing.*) interno
constitution, statutes	estatutos *m.*
procedure	procedimiento *m.*
agenda	orden (*m.*) del día
item on the agenda	punto (*m.*) del orden del día
(any) other business	asuntos (*m. pl.*) varios, cuestiones (*f. pl.*) varias
to place on the agenda	incluir *or* inscribir en el orden del día
working paper	documento (*m.*) de trabajo
timetable, schedule	horario *m.*
opening	apertura *f.*
the sitting is open	se abre la sesión
appointment	nombramiento *m.*
appoint (to)	nombrar
general debate	debate (*m.*) general
speaker	orador *m.*
to ask for the floor	pedir la palabra
to give the floor to [U.S., to recognize]	dar *or* conceder la palabra a
to take the floor, to address the meeting	hacer uso de la palabra, tomar la palabra
to make *o* to deliver a speech	pronunciar un discurso
declaration, statement	declaración *f.*
am I in order?	¿me lo permite el reglamento?
call to order	llamada (*f.*) al orden
to raise a point of order	plantear una cuestión de orden
receivability	admisibilidad *f.*
stand	posición *f.*
consensus	opinión *f.*
advisory opinion	dictamen *m.*
proposal	propuesta *f.*
to table a proposal	presentar una propuesta
clarification	aclaración *f.*
comment	comentario *m.*, observación *f.*
second (to), support (to)	apoyar
adopt (to)	aprobar; adoptar
oppose (to)	oponerse a
to raise an objection	formular una objeción
to move an amendment	proponer una enmienda
to amend	enmendar
second reading	segunda lectura *f.*
substantive motion	moción (*f.*) sobre el fondo de la cuestión
decision	decisión *f.*
ruling	decisión (*f.*) del presidente
reject (to)	rechazar
resolution	resolución *f.*
draft resolution	proyecto (*m.*) de resolución
first *o* preliminary draft	anteproyecto *m.*
whereases	considerandos *m.*
motivations	exposición (*f. sing.*) de motivos
operative part	parte (*f.*) dispositiva *or* resolutiva
report	informe *m.*, ponencia *f.*
factual report	exposición (*f.*) de hechos

minutes, record	actas *f. pl.*, acta *f. sing.*
summary record	actas (*f. pl.*) analíticas
verbatim record	actas (*f. pl.*) taquigráficas *or* literales
memorandum	memorándum *m.*
postpone (to), adjourn (to), put off (to)	aplazar, diferir
closure	clausura *f.*
closing speech	discurso (*m.*) de clausura
to adjourn *o* to close the meeting	levantar la sesión

See also POLITICS

CONSTRUCTION/CONSTRUCCIÓN

I. General terms — Términos (*m.*) generales.

to build, to construct	construir, edificar
building	edificio *m.*
skyscraper	rascacielos *m. inv.*
ten-storey office block	bloque (*m.*) de oficinas de diez pisos
block of flats [U.S., apartment block]	bloque de viviendas
house	casa *f.*
monument	monumento *m.*
palace	palacio *m.*
temple	templo *m.*
basilica	basílica *f.*
cathedral	catedral *f.*
church	iglesia *f.*
tower	torre *f.*
architecture	arquitectura *f.*
Doric order	orden (*m.*) dórico
column	columna *f.*
colonnade	columnata *f.*
arch	arco *m.*
town planning [U.S., city planning]	urbanismo *m.*
building permission	permiso (*m.*) de construir
greenbelt	zona (*f.*) verde
elevation	elevación *f.*
plan	plano *m.*
scale	escala *f.*
to prefabricate	prefabricar
excavation	excavación *f.*
foundations	cimientos *m. pl.*
to lay the foundations	echar los cimientos
course of bricks	hilada (*f.*) de ladrillos
scaffold	andamio *m.*
scaffolding	andamios *m. pl.*, andamiaje *m.*

II. People — Personas, *f.*

promoter	promotor *m.*
architect	arquitecto *m.*
quantity surveyor	aparejador *m.*
draftsman	dibujante *m.*, delineante *m.*
civil engineer	ingeniero (*m.*) de caminos
builder	constructor *m.*
master builder	maestro (*m.*) de obras

foreman	capataz *m.*
[master] bricklayer	(oficial de) albañil *m.*
hodman, hod carrier	peón (*m.*) de albañil
plasterer	yesero *m.*
welder	soldador *m.*
joiner	carpintero *m.*
electrician	electricista *m.*
glazier	vidriero *m.*, cristalero *m.*
plumber	fontanero *m.*
plumber's mate	ayudante (*m.*) de fontanero
painter, decorator	pintor *m.*, decorador *m.*
crane driver	gruista *m.*

III. Building materials — Materiales (*m.*) de construcción.

sand	arena *f.*
cement	cemento *m.*
mortar	mortero *m.*, argamasa *f.*
plaster	yeso *m.*
concrete	hormigón *m.* (*Amer.*, concreto *m.*)
reinforced, prestressed concrete	hormigón (*m.*) armado, pretensado
gravel	gravilla *f.*
brick	ladrillo *m.*
slate	pizarra *f.*
marble	mármol *m.*
beam (de madera), girder (metal)	viga *f.*
corrugated iron	hierro (*m.*) ondulado
timber	madera (*f.*) de construcción
pipes	cañerías *m. pl.*
wiring	instalación (*f.*) eléctrica

IV. Tools — Herramientas, *f.*

wheelbarrow	carretilla *f.*
bucket, pail	cubo *m.*
ladder	escalera (*f.*) de mano
shovel	pala *f.*
spade	laya *f.*
pickaxe, pickax	piqueta *f.*, zapapico *m.*
trowel	paleta *f.*, palustre *m.*
float	llana *f.*
plumb line	plomada *f.*
spirit level	nivel (*m.*) de burbuja
pulley	polea *f.*
hammer	martillo *m.*
sledgehammer	almádana *f.*, almádena *f.*
chisel	cincel *m.*
cold chisel	cortafrío *m.*
wire cutter *o* cutters *pl.*	cizalla *f.*
pliers	alicates *m. pl.*
pincers	tenazas *f. pl.*
spanner [U.S., wrench]	llave *f.*
[monkey] wrench, adjustable spanner	llave (*f.*) inglesa
screwdriver	destornillador *m.*
circular saw	sierra (*f.*) circular
plane	cepillo *m.*
mallet	mazo *m.*

V. Machines — Máquinas, *f.*

steamroller	apisonadora *f.*
bulldozer	bulldozer *m.*
mechanical digger, excavator	excavadora *f.*
crane	grúa *f.*
generator	generador *m.*
oxyacetylene torch	soplete (*m.*) oxiacetilénico
blowtorch	soplete *m.*
power drill	perforadora eléctrica
tip lorry [U.S., dump truck]	volquete *m.*
cement *o* concrete mixer	hormigonera *f.*

VI. House — Casa, *f.*

basement	sótano *m.*
ground plan (plano), floor, storey (nivel)	planta *f.*
ground floor [U.S., first floor]	planta baja
flat [U.S., apartment] (vivienda), floor, storey (nivel)	piso *m.*
stair well	caja (*f.*) de la escalera
lift shaft [U.S., elevator shaft]	caja (*f.*) *or* hueco (*m.*) del ascensor
fire escape	escalera (*f.*) de incendios
central heating	calefacción (*f.*) central
ventilation shaft	pozo (*m.*) de ventilación
air conditioning	aire acondicionado
air-conditioned	con aire acondicionado
window	ventana *f.*
staircase	escalera *f.*
lift [U.S., elevator]	ascensor *m.*
goods lift [U.S., freight elevator]	montacargas *m. inv.*
penthouse (piso lujoso)	ático *m.*
attic, garret	desván *m.*, buhardilla *f.*
roof	tejado *m.*
ceiling	techo *m.*
tile, roof tile	teja *f.*
flat roof, roof garden	azotea *f.*
flooring	revestimiento (*m.*) del suelo
floorboard	tabla (*f.*) del suelo
parquet	entarimado *m.*
herringbone parquet	entarimado (*m.*) en espinapez
tile	baldosa *f.*
terrazzo	terrazo *m.*
wall	muro *m.*, pared *f.*
main wall	pared (*f.*) maestra
partition wall	pared (*f.*) divisoria
plastering	enyesado *m.*
skirting board	zócalo *m.*, cenefa *f.*
to whitewash	enlucir
façade	fachada *f.*
kitchen	cocina *f.*
dining room	comedor *m.*
living room	sala (*f.*) de estar
lounge	salón *m.*
bathroom	cuarto (*m.*) de baño
toilet	retrete *m.*
chimney (exterior), fireplace (interior)	chimenea *f.*

gutter	canalón *m.*
drainpipe	bajada (*f.*) de aguas

COUNTRIES/PAÍSES

Abyssinia	Abisinia *f.*
Afghanistan	Afganistán *m.*
Africa	África *f.*
South Africa (Rep.)	África (*f.*) del Sur (Rep.)
Albania	Albania *f.*
Germany	Alemania *f.*
Upper Volta	Alto Volta *m.*
America	América *f.*
Andorra	Andorra *f.*
Antilles	Antillas *f. pl.*
Saudi Arabia	Arabia (*f.*) Saudita *or* Saudí
Argentina, the Argentine	Argentina *f.*
Asia	Asia *f.*
Australia	Australia *f.*
Austria	Austria *f.*
Basutoland	Basutolandia *f.*
Belgium	Bélgica *f.*
Burma	Birmania *f.*
Bolivia	Bolivia *f.*
Botswana	Botswana *m.*
Brazil	Brasil *m.*
Bulgaria	Bulgaria *f.*
Cambodia	Cambodia *f.*, Camboya *f.*
Cameroun	Camerún *m.*
Canada	Canadá *m.*
Ceylon	Ceilán *m.*
Central African Rep.	Centroafricana (Rep.)
Vatican City	Ciudad (*f.*) del Vaticano
Colombia	Colombia *f.*
Congo	Congo *m.*
Korea	Corea *f.*
Ivory Coast	Costa (*f.*) de Marfil
Costa Rica	Costa Rica *m.*
Cuba	Cuba *f.*
Chad	Chad *m.*
Czechoslovakia	Checoslovaquia *f.*
Chile	Chile *m.*
China	China *f.*
Cyprus	Chipre *m.*
Dahomey	Dahomey *m.*
Denmark	Dinamarca *f.*
Dominican Rep.	Dominicana (Rep.)
Ecuador	Ecuador *m.*
Egypt	Egipto *m.*
El Salvador	El Salvador *m.*
Scotland	Escocia *f.*
Spain	España *f.*
United States of America	Estados (*m. pl.*) Unidos de América
Ethiopia	Etiopía *f.*
Philippines	Filipinas *f. pl.*
Finland	Finlandia *f.*
France	Francia *f.*
Gabon	Gabón *m.*
Wales	Gales (País [*m.*] de)
Gambia	Gambia *f.*
Ghana	Ghana *f.*
Great Britain	Gran Bretaña *f.*
Greece	Grecia *f.*
Guatemala	Guatemala *f.*
Guinea	Guinea *f.*
Haiti	Haití *m.*
the Netherlands	Holanda *f.*
Honduras	Honduras *m.*
Hungary	Hungría *f.*
India	India *f.*

Indonesia	Indonesia *f.*
England	Inglaterra *f.*
Iran	Irán *m.*
Irak *o* Iraq	Irak *or* Iraq *m.*
Ireland	Irlanda *f.*
Iceland	Islandia *f.*
Israel	Israel *m.*
Italy	Italia *f.*
Jamaica	Jamaica *f.*
Japan	Japón *m.*
Jordan	Jordania *f.*
Kenya	Kenya *m.*, Kenia *m.*
Khmer Rep.	Khmer *or* Kmer (Rep.)
Kuwait	Kuwait *m.*, Koweit *m.*
Laos	Laos *m.*
Lesotho	Lesotho *m.*
Lebanon	Líbano *m.*
Liberia	Liberia *f.*
Libya	Libia *f.*
Luxembourg, Luxemburg	Luxemburgo *m.*
Madagascar	Madagascar *m.*
Malaya	Malasia *f.*
Mali	Malí *m.*
Malta	Malta *f.*
Morocco	Marruecos *m.*
Mauritania	Mauritania *f.*
Mexico	Méjico *m.*, México *m.*
Monaco	Mónaco *m.*
Nepal	Nepal *m.*
Nicaragua	Nicaragua *f.*
Niger	Níger *m.*
Nigeria	Nigeria *f.*
Norway	Noruega *f.*
New Zealand	Nueva Zelanda *f.*
Oceania	Oceanía *f.*
Netherlands	Países (*m. pl.*) Bajos
Panama	Panamá *m.*
Pakistan	Paquistán *m.*, Pakistán *m.*
Paraguay	Paraguay *m.*
Persia	Persia *f.*
Peru	Perú *m.*
Poland	Polonia *f.*
Portugal	Portugal *m.*
Puerto Rico	Puerto Rico *m.*
United Kingdom of Great Britain	Reino (*m.*) Unido de Gran Bretaña
Rhodesia	Rodesia *f.*, Rhodesia *f.*
Rwanda	Ruanda *m.*
Rumania, Roumania	Rumania *f.*
Russia	Rusia *f.*
San Marino	San Marino (Rep. de)
Senegal	Senegal *m.*
Siam	Siam *m.*
Syria	Siria *f.*
Somalia	Somalia *f.*
Sudan	Sudán *m.*
Sweden	Suecia *f.*
Switzerland	Suiza *f.*
Thailand	Tailandia *f.*
Tanzania	Tanzania *f.*
Togo	Togo *m.*
Tunisia	Túnez *m.*
Turkey	Turquía *f.*
Uganda	Uganda *m.*
Union of Soviet Socialist Republics	Unión (*f.*) de Repúblicas Socialistas Soviéticas
Uruguay	Uruguay *m.*
Venezuela	Venezuela *m.*
Viet-Nam	Vietnam *m.*
Yemen	Yemen *m.*
Yugoslavia	Yugoslavia *f.*
Zaire	Zaire *m.*
Zambia	Zambia *f.*

ECONOMIC AND COMMERCIAL TERMS/ VOCABULARIO DE ECONOMÍA Y COMERCIO

ECONOMIC TERMS — VOCABULARIO (*m.*) DE ECONOMÍA

I. General terms — Términos (*m.*) generales.

economist	economista *m.* y *f.*
rural economics	economía (*f.*) rural
capitalist, socialist, collective, planned, controlled, liberal, mixed, political economy	economía (*f.*) capitalista, socialista, colectivista, planificada, dirigida, liberal, mixta, política
protectionism	proteccionismo *m.*
autarchy	autarquía *f.*
primary sector	sector (*m.*) primario
public, private sector	sector (*m.*) público, privado
economic channels, balance	circuito (*m.*), equilibrio (*m.*) económico
economic fluctuation, depression, stability, policy, recovery	fluctuación (*f.*), depresión (*f.*), estabilidad (*f.*), política (*f.*), reactivación (*f.*) económica
understanding	acuerdo *m.*
concentration	concentración *f.*
holding company	holding *m.*
trust	trust *m.*
cartel	cártel *m.*
rate of growth	índice (*m.*) de crecimiento
economic trend, economic situation	coyuntura *f.*, situación (*f.*) económica
infrastructure	infraestructura *f.*
standard of living	nivel (*m.*) de vida
purchasing power, buying power	poder (*m.*) adquisitivo
scarcity	escasez *f.*, carestía *f.*
stagnation	estancamiento *m.*
underdevelopment	subdesarrollo *m.*
underdeveloped	subdesarrollado, da
developing	en vías de desarrollo

II. Capital — Capital, *m.*

share	acción *f.*
shareholder, stockholder	accionista *m.* y *f.*
bond, debenture	obligación *f.*
security, stock	título *m.*, valor *m.*
dividend	dividendo *m.*
initial capital	capital (*m.*) inicial
frozen capital *o* assets	capital (*m. sing.*) congelado
fixed assets	capital (*m. sing.*) fijo
real estate	capital (*m.*) inmobiliario
circulating *o* working capital	capital (*m.*) circulante
available capital	capital (*m.*) disponible
capital goods	bienes (*m.*) de equipo
reserve	reserva *f.*
calling up of capital	solicitación (*f.*) de fondos
allocation of funds	asignación (*f.*) de fondos
contribution of funds	aportación (*f.*) de fondos
working capital fund	fondo (*m.*) de operaciones
revolving fund	fondo (*m.*) de rotación
contingency *o* reserve fund	fondo (*m.*) de reserva
buffer fund	fondo (*m.*) regulador
sinking fund	fondo (*m.*) de amortización

investment	inversión *f.*
investor	inversionista *m.* y *f.*
self-financing	autofinanciación *f.*
bank	banco *m.*, banca *f.*
current account [U.S., checking account]	cuentacorriente *f.*
current-account holder [U.S., checking-account holder]	cuentacorrentista *m.* y *f.*
cheque [U.S., check]	cheque *m.*
bearer cheque, cheque payable to bearer	cheque (*m.*) al portador
crossed cheque	cheque (*m.*) cruzado
traveller's cheque	cheque (*m.*) de viaje
chequebook [U.S., checkbook]	talonario (*m.*) de cheques
endorsement	endoso *m.*
transfer	transferencia *f.*
money	dinero *m.*
issue	emisión *f.*
ready money	dinero (*m.*) líquido
cash	dinero (*m.*) efectivo *or* en metálico
change	dinero (*m.*) suelto, cambio *m.*
banknote, note [U.S., bill]	billete *m.*
to pay (in) cash	pagar en efectivo
domestic *o* local currency	moneda (*f.*) nacional
convertibility	convertibilidad *f.*
convertible currencies	monedas (*f.*) convertibles
foreign exchange	divisas *f. pl.*
exchange rate	tipo (*m.*) de cambio
hard currency	moneda (*f.*) fuerte
stock exchange	bolsa *f.*
quotation	cotización *f.*
speculation	especulación *f.*
saving	ahorro *m.*
depreciation	depreciación *f.*
devaluation	devaluación *f.*
revaluation	revaluación *f.*
runaway inflation	inflación (*f.*) galopante
deflation	deflación *f.*
capital flight	fuga (*f.*) de capitales

III. Loan and credit — Préstamo (*m.*) y crédito, *m.*

lender	prestamista *m.* y *f.*
short, long, medium term loan	préstamo (*m.*) a corto, largo, medio plazo
borrower	prestatario *m.*
borrowing	empréstito *m.*, préstamo *m.*
interest	interés *m.*, rédito *m.*
rate of interest	tipo (*m.*) de interés
discount	descuento *m.*
rediscount	redescuento *m.*
annuity	anualidad *f.*
maturity	vencimiento *m.*
amortization, redemption	amortización *f.*
insurance	seguro *m.*
mortgage	hipoteca *f.*
allotment	habilitación (*f.*) de créditos
short term credit	crédito (*m.*) a corto plazo
creditor	acreedor *m.*
debtor	deudor *m.*
consolidated *o* funded, floating debt	deuda (*f.*) consolidada, flotante
drawing	giro *m.*
aid	ayuda *f.*
allowance, grant, subsidy	subsidio *m.*, subvención *f.*

IV. Production — Producción, *f.*

output	producción *f.*
overproduction	superproducción *f.*
productive, producing	productivo, va
producer	productor *m.*
products, goods	productos *m.*, mercancías *f.* [*Amer.*, mercaderías *f.*]
article	artículo *m.*
raw material	materia (*f.*) prima
raw product	producto (*m.*) en bruto
manufactured, finished goods	productos (*m.*) manufacturados, acabados
semifinished goods	productos (*m.*) semimanufacturados
consumer goods	bienes (*m.*) de consumo
foodstuffs	productos (*m.*) alimenticios
by-product	subproducto *m.*
supply	abastecimiento *m.*, aprovisionamiento *m.*, suministro *m.*
input	insumo *m.*
productivity, productiveness	productividad *f.*

V. Expenses — Gastos, *m.*

cost	costo *m.*
expenditure, outgoings	gastos *m. pl.*
running expenses	gastos (*m.*) corrientes
miscellaneous costs	gastos (*m.*) diversos
overhead expenses *o* costs, overheads	gastos (*m.*) generales
operating costs *o* expenses	gastos (*m.*) de funcionamiento *or* de explotación
upkeep *o* maintenance costs	gastos (*m.*) de mantenimiento
fixed costs	gastos (*m.*) fijos
transport costs	gastos (*m.*) de transporte
social charges	cargas (*f.*) sociales
contingent expenses, contingencies	gastos (*m.*) imprevistos
apportionment of expenses	prorrateo (*m.*) de gastos

VI. Profit — Beneficio, *m.*

income	ingresos *m. pl.*, renta *f.*
earnings	ganancias *f.*
net, average income	renta (*f.*) neta, media
gross income, gross earnings	renta (*f. sing.*) bruta
gross profit *o* benefit	beneficio (*m.*) bruto
national income	renta (*f.*) nacional
profitability, profit earning capacity	rentabilidad *f.*
yield	rendimiento *m.*
increase in value, appreciation	plusvalía *f.*

VII. Taxes — Impuestos, *m.*

duty	impuesto *m.*
taxation	imposición *f.*
fiscal charges	gravámenes (*m.*) fiscales
value added tax	impuesto (*m.*) al valor añadido *or* agregado

progressive taxation, graduated tax	impuesto (*m.*) progresivo
income tax	impuesto (*m.*) sobre la renta
land tax	contribución (*f.*) territorial
excise tax	impuesto (*m.*) indirecto
basis of assessment	base (*f.*) del impuesto
taxable income	líquido (*m.*) imponible
fiscal authorities	fisco *m. sing.*, hacienda *f. sing.*
taxation system	régimen (*m.*) fiscal
fiscality	fiscalidad *f.*
tax-free	libre de impuestos
tax exemption	exención (*f.*) *or* exoneración (*f.*) fiscal
taxpayer	contribuyente *m.* y *f.*
tax collector	recaudador (*m.*) de impuestos

COMMERCIAL TERMS — VOCABULARIO (*m.*) COMERCIAL

I. General terms — Términos (*m.*) generales.

commerce, trade, trading	comercio *m.*
commercial channels	circuito (*m. sing.*) comercial
international trade	comercio (*m.*) internacional
terms of trade	términos (*m.*) del intercambio
free-trade area	zona (*f.*) de libre cambio [*Amer.*, de libre comercio]
import, importation	importación *f.*
importer	importador *m.*
export, exportation	exportación *f.*
exporter	exportador *m.*
customs	aduana *f. sing.*
customs duty	derechos (*m. pl.*) de aduana *or* arancelarios
quota	cupo *m.*, cuota *f.*, contingente *m.*
item	partida *f.*
inland *o* home *o* domestic *o* internal *o* interior trade	comercio (*m.*) nacional *or* interior
foreign *o* external trade	comercio (*m.*) exterior
commercial transaction	operación (*f.*) comercial
manufacturer	fabricante *m.*
middleman	intermediario *m.*
wholesaler	mayorista *m.* y *f.*
retailer	minorista *m.* y *f.*, detallista *m.* y *f.*
dealer	vendedor *m.*
merchant, tradesman	comerciante *m.*
concessionaire, licensed dealer	concesionario *m.*
consumer	consumidor *m.*
client, customer	cliente *m.* y *f.*
stocks	existencias *f.*
purchase	compra *f.*
buyer	comprador *m.*
sale	venta *f.*
bulk sale	venta (*f.*) a granel
wholesale	comercio (*m.*) al por mayor
retail trade	comercio (*m.*) al por menor
cash sale	venta (*f.*) al contado
hire-purchase [U.S., installment plan]	venta (*f.*) a plazos
competition	competencia *f.*
competitor	competidor *m.*
competitive	competitivo, va
unfair competition	competencia (*f.*) desleal
dumping	dumping *m.*

profit margin	margen (*m.*) de beneficio
trademark	marca (*f.*) registrada
registered *o* head office	domicilio (*m.*) social

II. Market — Mercado, *m.*

Latin-American Free Trade Association	Asociación (*f.*) Latinoamericana de Libre Comercio
home market	mercado (*m.*) nacional *or* interior
open market	mercado (*m.*) libre
black market	mercado (*m.*) negro, estraperlo *m.*
monopoly	monopolio *m.*
marketing	comercialización *f.* (of goods), estudio (*m.*) *or* investigación (*f.*) de mercados (market research)
consumption	consumo *m.*
offer	oferta *f.*
demand	demanda *f.*
outlet	salida *f.*

III. Management and organization — Gestión (*f.*) y organización, *f.*

foresight, forecast	previsión *f.*
plan	plan *m.*
planning	planificación *f.*
programme [U.S., program]	programa *m.*
estimation, estimate, valuation	estimación *f.*
budget	presupuesto *m.*

IV. Accounting, bookkeeping — Contabilidad, *f.*

accountant, bookkeeper	contable *m.* y *f.*
double-entry, single-entry bookkeeping	contabilidad (*f.*) por partida doble, simple
account book	libro (*m.*) de contabilidad
cashbook	libro (*m.*) de caja
journal	diario *m.*
inventory, stocktaking	inventario *m.*
balance (sheet)	balance *m.*
financial *o* trading year	año (*m.*) *or* ejercicio (*m.*) económico
income and expenditure, receipts and expenditure, output and input	gastos (*m. pl.*) e ingresos
assets	haber *m. sing.*, activo *m. sing.*
liabilities	debe *m. sing*, pasivo *m. sing.*
debit	débito *m.*
cash on hand	efectivo (*m.*) en caja
cash balance	saldo (*m.*) de caja
credit balance	saldo (*m.*) acreedor *or* positivo
debit balance	saldo (*m.*) deudor *or* negativo
turnover, volume of business	volumen (*m.*) de negocios *or* de ventas, facturación *f.*
statement of accounts	estado (*m.*) de cuentas
deficit	déficit *m.*
balance of trade, of payments	balanza (*f.*) comercial, de pagos

V. Price — Precio, *m.*

cost price	precio (*m.*) de coste
prime cost, first cost *o* price, initial cost *o* price	precio (*m.*) inicial
factory *o* manufacturer's price	precio (*m.*) de fábrica
net price	precio (*m.*) neto
price free on board	precio (*m.*) franco a bordo
purchase, sale price	precio (*m.*) de compra, de venta
wholesale price	precio (*m.*) al por mayor
retail price	precio (*m.*) al por menor
fixed price	precio (*m.*) fijo
guaranteed price	precio (*m.*) garantizado
cash price	precio (*m.*) al contado
piece *o* unit price	precio (*m.*) por unidad
market price	precio (*m.*) de mercado, precio (*m.*) corriente
preferential price	precio (*m.*) de favor
price control	control (*m.*) de precios, intervención *f.*
maximum *o* ceiling price	precio (*m.*) máximo *or* tope
minimum price	precio (*m.*) mínimo
price freeze	bloqueo (*m.*) *or* congelación (*f.*) de precios
price fixing	fijación (*f.*) de los precios
price index	índice (*m.*) de precios
price fall	baja (*f.*) de precios
rise in price	subida (*f.*) *or* aumento (*m.*) *or* alza (*f.*) de precios
all-inclusive	todo comprendido
on a lump-sum basis	a tanto alzado

VI. Payment — Pago, *m.*

sum	suma *f.*
amount	importe *m.* [*Amer.*, monto, *m.*]
bill [U.S., check]	cuenta *f.*
pro forma invoice	factura (*f.*) pro forma
voucher	comprobante *m.*
receipt	recibo *m.*
advance (payment)	anticipo *m.*, adelanto *m.*
cash payment	pago (*m.*) al contado
deferred payment, payment by instalments	pago (*m.*) a plazos
cash on delivery	entrega (*f.*) contra reembolso
down payment	pago (*m.*) inicial
monthly payment	mensualidad *f.*
payment in kind	pago (*m.*) en especie
payment in specie	pago (*m.*) en metálico
bill of exchange	letra (*f.*) de cambio
promissory note	pagaré *m.*
refund, repayment	reembolso *m.*
payment in arrears, outstanding payment	pago (*m.*) atrasado
remuneration	remuneración *f.*
compensation	indemnización *f.*

EDUCATION/ENSEÑANZA

I. General terms — Generalidades, *f.*

instruction, education	instrucción *f.*
culture	cultura *f.*
primary, secondary, higher education	enseñanza (*f.*) primaria, secundaria *or* media, superior
the three R's	primeras letras *f. pl.*
school year	curso (*m.*) *or* año (*m.*) escolar
term, trimester	trimestre *m.*
semester	semestre *m.*
school day	día (*m.*) lectivo
school holidays	vacaciones (*f. pl.*) escolares
curriculum	programa *m.*
subject	asignatura *f.*
discipline	disciplina *f.*
timetable	horario *m.*
class; lesson	clase *f.*; lección *f.*
homework *sing.*	deberes *m. pl.*
exercise	ejercicio *m.*
dictation	dictado *m.*
spelling mistake	falta (*f.*) de ortografía
[short] course	cursillo *m.*
seminar	seminario *m.*
test	prueba *f.*, test *m.*
playtime; break	recreo *m.*; descanso *m.*
to play truant *o* hooky	hacer rabona *or* novillos
course [of study]	carrera *f.*
pupil	alumno *m.*, discípulo *m.*
student body	alumnado *m.*
schoolboy; schoolgirl	colegial *m.*; colegiala *f.*
student	estudiante *m. y. f.*
classmate, schoolmate	compañero (*m.*) de clase
auditor	oyente *m.*
swot, grind	empollón *m.*
old boy	antiguo alumno *m.*
grant; scholarship, fellowship	beca *f.*
holder of a grant; scholar, fellow	becario *m.*
school uniform	uniforme (*m.*) del colegio
primary school teacher	maestro *m.*, maestra *f.*
teacher (de segunda enseñanza), lecturer (de universidad)	profesor *m.*, profesora *f.*
assistant	adjunto *m.*, auxiliar *m.*
games master, gym teacher *o* instructor	profesor (*m.*) de educación física
professor	catedrático *m.*
teaching staff	cuerpo (*m.*) docente,
teachers *pl.*	magisterio *m.*
laboratory *o* lab assistant	ayudante (*m.* y *f.*) de laboratorio
beadle, porter	bedel *m.*
headmaster; headmistress	director *m.*; directora *f.*
deputy headmaster *o* head (*fam.*)	subdirector *m.*
rector	rector *m.*
dean	decano *m.*
private tutor	preceptor *m.*, ayo *m.*
pedagogue	pedagogo *m.*
schooling	escolaridad *f.*
of school age	de edad escolar
matriculation	matrícula *f.*
to enrol, to enroll	matricularse
beginning of term	apertura (*f.*) de curso
to take lessons (alumno); to teach (profesor)	dar clase
to study	estudiar
to learn by heart	aprender de memoria

to revise, to go over	repasar
to test	tomar la lección
General Certificate of Education [U.S., high school diploma]	bachillerato *m.*
to be in the first year	estar en primero de bachillerato
holder of the General Certificate of Education [U.S., holder of a high school diploma]	bachiller *m.*
oral, written examination	examen (*m.*) oral, escrito
convocation notice	convocatoria *f.*
examiner	examinador *m.*
board of examiners	tribunal (*m.*) de exámenes
to take *o* to sit *o* to do an examination	examinarse, presentarse a un examen
question	pregunta *f.*
question paper	papeleta (*f.*) de examen
crib [U.S., trot]	chuleta *f.*
to pass an examination *o* exam (*fam.*)	aprobar un examen
pass, passing grade	aprobado *m.*
prizegiving	reparto (*m.*) de premios
to fail an examination	ser suspendido en un examen
failure	suspenso *m.*
to repeat a year	repetir curso
degree	licenciatura *f.*
graduate	licenciado *m.*
to graduate	licenciarse
project; thesis	tesina *f.*; tesis *f.*
doctorate	doctorado *m.*
doctor	doctor *m.*
competitive examination	oposición *f.*

II. Educational establishments — Establecimientos (*m.*) de enseñanza

kindergarten	jardín (*m.*) de la infancia
infant school	colegio (*m.*) de párvulos
primary *o* junior school	escuela (*f.*) primaria
secondary school	escuela (*f.*) secundaria
school	colegio *m.*
high school, secondary school	instituto *m.*
boarding school	internado *m.*
day school	externado *m.*
day student who has lunch at school	mediopensionista *m.* y *f.*
business school	escuela (*f.*) de comercio
technical school	escuela (*f.*) de artes y oficios
technical college	escuela (*f.*) técnica
[university] campus	ciudad (*f.*) universitaria
university	universidad *f.*
faculty; academy	facultad *f.*; academia *f.*
hall of residence	colegio (*m.*) mayor, residencia (*f.*) universitaria
classroom	aula *f.*, sala (*f.*) de clase
lecture theatre [U.S., lecture theater], amphitheatre [U.S., amphitheater]	aula (*f.*) magna, anfiteatro *m.*, paraninfo *m.*
staff room	sala (*f.*) de los profesores
headmaster's study *o* office	despacho (*m.*) del director
[assembly] hall	salón (*m.*) de actos
library	biblioteca *f.*
playground	patio *m.*
desk	pupitre *m.*, banco *m.*
platform	tarima *f.*

III. Equipment — Material (*m.*) escolar.

text book	libro (*m.*) de texto
dictionary	diccionario *m.*
encyclopedia	enciclopedia *f.*
atlas	atlas *m.*
satchel	cartera *f.*
blackboard	pizarra *f.*, encerado *m.*
[a piece of] chalk	(una) tiza *f.*
slate pencil	pizarrín *m.*
wall, skeleton map	mapa (*m.*) mural, mudo
globe	globo (*m.*) terráqueo
exercise book	cuaderno *m.*
rough note book [U.S., scribbling pad]	borrón *m.*, borrador *m.*
blotting paper	papel (*m.*) secante
tracing paper	papel (*m.*) de calco
squared *o* graph paper	papel (*m.*) cuadriculado
[fountain] pen	pluma (*f.*) estilográfica
biro, ballpoint [pen]	bolígrafo *m.*, boli *m.* (fam.)
pencil	lápiz *m.*
propelling pencil	portaminas *m. inv.*
pencil sharpener	sacapuntas *m. inv.*
ink; inkwell	tinta *f.*; tintero *m.*
rubber, eraser	goma (*f.*) de borrar
ruler, rule	regla *f.*
slide rule	regla (*f.*) de cálculo
set square	cartabón *m.*,
protractor	transportador *m.*
compass, pair of compasses	compás *m.*

ENTERTAINMENTS/DIVERSIONES

I. Circus — Circo, *m.*

travelling circus	circo (*m.*) ambulante
circus wagon	carromato *m.*
big top	toldo (*m.*) de circo, carpa *f.*
tent	tienda *f.*, carpa *f.*
ring, arena	pista *f.*
tier	grada *f.*
master of ceremonies, M.C.	presentador *m.*
parade, cavalcade	desfile *m.*
show	espectáculo *m.*
circus act	número (*m.*) de circo
equitation, riding	equitación *f.*
equestrian, rider	artista (*m.* y *f.*) ecuestre
horse trainer	domador (*m.*) de caballos
trick rider, equestrian acrobat	acróbata (*m.* y *f.*) ecuestre
lion tamer	domador (*m.*) de leones
wild animal	fiera *f.*
wild animal trainer	domador (*m.*) de fieras
cage	jaula *f.*
whip	látigo *m.*
performing animal	animal (*m.*) amaestrado
contortionist	contorsionista *m.* y *f.*
acrobat	acróbata *m.* y *f.*
mountebank, tumbler	saltimbanqui *m.* y *f.*
tights, *pl.*, leotard	leotardo *m. sing.*
tumble	pirueta *f.*, trecha *f.*
double somersault	doble salto (*m.*) mortal
human pyramid	pirámide (*f.*) *or* torre (*f.*) humana
balance	equilibrio *m.*

balancer	equilibrista *m.* y *f.*
rings	aros *m.*
springboard	trampolín *m.*
trampoline	cama (*f.*) elástica
trapeze	trapecio *m.*
trapeze artist	trapecista *m.* y *f.*
flier [U.S., aerialist]	volatinero *m.*
safety net	red *f.*
tightrope walker, rope-walker, funambulist	funámbulo, la
tightrope	cuerda (*f.*) floja
balancing pole	contrapeso *m.*
juggler	malabarista *m.* y *f.*
clown	payaso *m.*
giant	gigante *m.*
midget, dwarf	enano *m.*
sword swallower	tragasables *m. inv.*
fire eater	tragafuego *m.*
snake charmer	encantador (*m.*) de serpientes
fakir; magician	faquir *m.*; mago *m.*
illusionist	ilusionista *m.* y *f.*
conjurer, conjuror	prestidigitador *m.*, escamoteador *m.*
ventriloquist	ventrílocuo *m.*

II. Fun fair — Parque (*m.*) de atracciones.

fair	feria *f.*; verbena *f.*
amusement park	parque (*m.*) de atracciones
merry-go-round, roundabout [U.S., carrousel]	tiovivo *m.*, caballitos *m. pl.*
switchback, scenic railway, big dipper [U.S., roller coaster]	montaña (*f.*) rusa
ghost train	tren (*m.*) fantasma
big wheel, Ferris wheel	noria *f.*
dodgems, bumper cars	coches (*m.*) que chocan
slide, helter-skelter	tobogán *m.*
sideshow, stall, booth	barraca (*f.*) de feria
fortune teller	pitonisa *f.*
rifle range, shooting gallery	barraca (*f.*) de tiro
wheel of fortune	rueda (*f.*) de la fortuna
tombola	tómbola *f.*, rifa *f.*
Punch and Judy show, puppet show	teatro (*m.*) de marionetas *or* de títeres
greasy pole	cucaña *f.*

III. Dancing — Baile, *m.*

dance	baile *m.*, danza *f.*
classical dancing	baile (*m.*) clásico
ballet	ballet *m.*
corps de ballet	cuerpo (*m.*) de ballet
ballet dancer	bailarina (*f.*) de ballet
tutu, ballet skirt	tutú *m.*, tonelete *m.*
ballet shoe	zapatilla (*f.*) de ballet
choreography	coreografía *f.*
steps	pasos *m.*
ballroom dance	baile (*m.*) de sociedad
ballroom, dance hall	sala (*f.*) de baile
dance orchestra	orquesta (*f.*) de baile
dancing partner	pareja (*f.*) de baile
folk dance	baile (*m.*) tradicional *or* folklórico

IV. Other entertainments — Otras diversiones, *f.*

ice skating	patinaje (*m.*) sobre hielo
figure skating	patinaje (*m.*) artístico
ice skates	patines (*m.*) de cuchilla
roller skating	patinaje (*m.*) sobre ruedas
roller skates	patines (*m.*) de ruedas
festival	festival *m.*
discotheque	discoteca *f.*
records	discos *m.*
jukebox	máquina (*f.*) de discos
party	guateque *m.*
masked ball, fancy dress ball	baile (*m.*) de disfraces
face mask	máscara *f.*, careta *f.*
half mask, small mask	antifaz *m.*
costume	disfraz *m.*
carnival	carnaval *m.*
carnival parade	cabalgata (*f.*) de carnaval
float	carroza *f.*
paper lantern	farolillo *m.*
paper streamer	serpentina *f.*
confetti	papelillos *m. pl.*, confeti *m. pl.*
firework display, fireworks, *pl.*	fuegos (*m. pl.*) artificiales
jumping jack *o* cracker	buscapiés *m. inv.*
banger	petardo *m.*
rocket	cohete *m.*
variety show	espectáculo (*m.*) de variedades
cabaret	cabaret *m.*
vaudeville	vodevil *m.* (comedy), variedades *f. pl.* (variety show)
music hall	teatro (*m.*) de variedades
nightclub	sala (*f.*) de fiestas
floor show	atracciones *f. pl.*
comedian	comediante, ta
singer	cantante *m.* y *f.*
chorus girls	coristas *f.*
stripper, stripteaser	mujer (*f.*) que hace strip-tease
pub	taberna *f.*, bar *m.*
jazz club	club (*m.*) de jazz
one-armed bandit, fruit machine	máquina (*f.*) tragaperras
casino	casino *m.*
club	círculo *m.*, casino *m.*, peña *f.*
excursion, outing	excursión *f.*
a day in the country	partida (*f.*) de campo, gira (*f.*) campestre
picnic	comida (*f.*) campestre
pleasure trip	viaje (*m.*) de recreo
to go for a walk	dar un paseo
park	parque *m.*
flower gardens	jardines *m.*
playground	campo (*m.*) de juego
swing	columpio *m.*
balloon	globo *m.*
sandpit [U.S., sandbox]	cajón (*m.*) de arena
bucket and spade	cubo (*m.*) y pala *f.*
sandcastle	castillo (*m.*) de arena
miniature golf	minigolf *m.*
rowing boat	barco (*m.*) de remos
paddle boat	hidropedal *m.*
sailing boat	velero *m.*
zoo	parque (*m.*) zoológico

See also DEPORTE, VIAJES, CINEMATOGRAPHY, GAMES, RADIO AND TELEVISION

FEAST DAYS/FIESTAS RELIGIOSAS

Advent	Adviento *m.*
Lady Day, Annunciation	Anunciación *f.*
Ascension Day	Ascensión *f.*
Assumption	Asunción *f.*
Candlemas	Candelaria (la) *f.*
New Year, New Year's Day	Circuncisión (*f.*) *or* día (*m.*) de Año Nuevo
Corpus Christi	Corpus Christi *m.*
Quadragesima	Cuadragésima *f.*
Lent	Cuaresma *f.*
Low *o* Quasimodo Sunday	Cuasimodo *m.*
All Souls' Day	Difuntos (día [*m.*] de los)
Palm Sunday	Domingo (*m.*) de Ramos
Easter Sunday, Easter	Domingo (*m.*) de Resurrección
Epiphany, Twelfth Day	Epifanía (*f.*) *or* Reyes *m. pl.*
day of obligation	fiesta (*f.*) de guardar *or* de precepto
Maundy Thursday	Jueves (*m.*) Santo
Shrove Tuesday	Martes (*m.*) de Carnaval
Ash Wednesday	Miércoles (*m.*) de Ceniza
Nativity of the Virgin	Natividad (*f.*) de la Virgen
Christmas	Navidad *f.*
Christmas Eve	Nochebuena *f.*
New Year's Eve	Nochevieja *f.*
Easter	Pascua (*f.*) Florida *or* de Resurrección
Whitsun, Whitsuntide	Pentecostés *m.*
Quinquagesima	Quincuagésima *f.*
Ramadan	Ramadán *m.*
Rogation Days	Rogativas *f. pl.*
Sabbath	Sábado (*m.*) israelita
Feast of the Sacred Heart	Sagrado Corazón *m.*
Midsummer Day	San Juan (día [*m.*] de)
Passion Week	Semana (*f.*) de Pasión
Holy Week	Semana (*f.*) Santa *or* grande *or* Mayor
Septuagesima	Septuagésima *f.*
Sexagesima	Sexagésima *f.*
Ember Days	Témporas *f. pl.*
All Saints' Day	Todos los Santos (fiesta [*f.*] de)
Trinity Sunday, Trinity	Trinidad *f.*
Good Friday	Viernes (*m.*) Santo
Visitation	Visitación *f.*

FOOD AND MEALS/ALIMENTOS Y COMIDAS

I. General terms — Generalidades, *f.*

feeding	alimentación *f.*
to feed, to nourish	alimentar, nutrir
nutrition	nutrición *f.*
to maintain	mantener, sustentar
subsistence	subsistencia *f.*
to eat	comer
to drink	beber
to chew	mascar, masticar
to swallow	tragar
to nibble, to peck	picar
appetite	apetito *m.*, gana *f.*
hunger; thirst	hambre *f.*; sed *f.*
to be hungry, thirsty	tener hambre, sed
gluttony; greed	glotonería *f.*; gula *f.*

overfeeding	sobrealimentación *f.*
fasting	abstinencia *f.*, ayuno *m.*
diet	dieta *f.*, régimen *m.*
banquet	banquete *m.*

II. Meals — Comidas, *f.*

breakfast	desayuno *m.*
to have breakfast	desayunar
lunch	almuerzo *m.*
to have lunch	almorzar
afternoon tea	merienda *f.*
high tea	merienda cena *f.*
dinner, supper	cena *f.*
to dine, to have dinner *o* supper	cenar
soup	sopa *f.*
hors d'œuvre	entremés *m.*
entrée	entrada *f.*
main course	plato (*m.*) fuerte
sweet, dessert	postre *m.*
snack	bocado *m.*, piscolabis *m.*, tentempié *m.*
helping, portion	ración *f.*, porción *f.*
sandwich	bocadillo *m.*, emparedado *m.*

III. Foodstuffs and dishes — Productos (*m.*) alimenticios y platos, *m.*

meat	carne *f.*
beef	carne (*f.*) de vaca
veal	ternera *f.*
lamb	cordero *m.*
sirloin	solomillo *m.*
steak	bistec *m.*
chop, cutlet	chuleta *f.*
stew	estofado *m.*, guisado *m.*
roast	asado *m.*
pork	cerdo *m.*
ham	jamón *m.*
bacon	tocino (*m.*) entreverado
sausage	salchicha *f.*
black pudding, blood sausage	morcilla *f.*
cold meats [U.S., cold cuts]	fiambres *m.*
chicken	pollo *m.*
turkey	pavo *m.*
duck	pato *m.*
fish	pescado *m.*
vegetables	verduras *f.*
dried legumes	legumbres (*f.*) secas
chips [U.S., French fries]	patatas (*f.*) fritas [*Amer.*, papas (*f.*) fritas]
mashed potatoes	puré (*m.*) de patatas [*Amer.*, puré (*m.*) de papas]
pasta	pastas *f.*
macaroni	macarrones *m. pl.*
noodles	fideos *m.* (cylindrical), tallarines *m.* (flat)
consommé; broth	consomé *m*; caldo *m.*
cheese	queso *m.*
butter	mantequilla *f.*
bread	pan *m.*
slice of bread	rebanada (*f.*) de pan
crust	corteza *f.*
crumb	miga *f.*
milk	leche *f.*
egg	huevo *m.*

boiled *o* soft-boiled eggs	huevos (*m.*) pasados por agua
hard-boiled eggs	huevos (*m.*) duros
fried eggs	huevos (*m.*) fritos
poached, scrambled eggs	huevos (*m.*) escalfados, revueltos
omelet	tortilla *f.*
pastry	pastel *m.*
sponge cake	bizcocho *m.*
tart	tarta *f.*
biscuits	galletas *f.*
fruit	fruta *f.*
ice cream	helado *m.*
compote	compota *f.*
jam, preserves *pl.*	mermelada *f. sing.*
marmalade	mermelada (*f.*) de naranjas amargas
salt	sal *f.*
pepper	pimienta *f.*
mustard	mostaza *f.*
vinegar	vinagre *m.*
oil	aceite *m.*
sauce	salsa *f.*
spices	especias *f.*
clove	clavo *m.*

IV. Beverages — Bebidas, *f.*

drink	bebida *f.*
mineral water	agua (*f.*) mineral
lemonade	gaseosa *f.*; limonada *f.*, limón (*m.*) natural
beer	cerveza *f.*
white, red wine	vino (*m.*) blanco, tinto
claret	clarete *m.*
cider	sidra *f.*
orange juice	zumo (*m.*) de naranja
orangeade; orange squash	naranjada *f.*
lemon juice	zumo (*m.*) de limón
champagne	champán *m.*
liqueur	licor *m.*

V. Restaurant — Restaurante, *m.*, restorán, *m.*

eating house	casa (*f.*) de comidas
canteen	cantina *f.*
dining hall	comedor *m.*
refectory	refectorio *m.*
waiter	camarero *m.*, mozo *m.*
headwaiter, maître d'hôtel	jefe (*m.*) de comedor
service	servicio *m.*
bill of fare, menu	lista (*f.*) de platos, minuta *f.*, menú *m.*, carta *f.*
winelist	carta (*f.*) de vinos
table	mesa *f.*
to lay *o* to set the table	poner la mesa
to wait at table	servir la mesa
to clear the table	quitar la mesa
tablecloth	mantel *m.*
napkin, serviette	servilleta *f.*
cutlery	cubiertos *m. pl.*
fork	tenedor *m.*
spoon	cuchara *f.*
teaspoon	cucharilla *f.*
ladle	cucharón *m.*
knife	cuchillo *m.*
dishes *pl.*; crockery	vajilla *f. sing.*; loza *f. sing.*
dish, plate	plato *m.*

soup plate *o* dish	plato (*m.*) hondo *or* sopero
(serving) dish [U.S., platter]	fuente *f.*
soup tureen	sopera *f.*
salad bowl	ensaladera *f.*
fruit dish *o* bowl	frutero *m.*
sauce *o* gravy boat	salsera *f.*
glass service, glassware	cristalería *f.*
glass	vaso *m.*; copa *f.*
bottle	botella *f.*
carafe, decanter	garrafa *f.*
cup	taza *f.*
saucer	platillo *m.*
sugar bowl	azucarero *m.*
tea service *o* set	servicio (*m.*) de té
teapot	tetera *f.*
coffee service *o* set	servicio (*m.*) de café
coffeepot	cafetera *f.*
salt shaker	salero *m.*
cruet	vinagreras *f. pl.*
tray	bandeja *f.*

GAMES/JUEGOS

I. Parlour games [U.S., parlor games] — Juegos (*m.*) de sociedad.

player	jugador, ra
forfeits	juego (*m.*) de prendas
charade	charada *f.*
blindman's buff	gallina (*f.*) ciega
hunt-the-thimble	zurriago (*m.*) escondido
puss-in-the-corner	las cuatro esquinas *f.*
guessing game	acertijo *m.*, adivinanza *f.*
noughts-and-crosses	tres en raya *m.*
battleships	batalla (*f. sing.*) naval
crossword puzzle	crucigrama *m.*, palabras (*f. pl.*) cruzadas
riddle	rompecabezas *m. inv.*
ludo	parchís *m. inv.*, parchesi *m.*
snakes and ladders	juego (*m.*) de la oca
monopoly	monópolis *m.*
lotto	lotería *f.*
dominoes	dominó *m.*
domino	ficha *f.*
double blank	blanca (*f.*) doble
solitaire	solitario *m.*
bingo, lotto	bingo, lotería *f.*

II. Chess and draughts — Ajedrez (*m.*) y damas, *f. pl.*

draughts [U.S., checkers]	damas *f. pl.*
board	tablero *m.*
draughtboard [U.S., checkerboard]	damero *m.*
square	casilla *f.*, escaque *m.*
man, piece	pieza *f.*
king	dama *f.*
to crown	coronar
to take	comer
to huff	soplar
chess	ajedrez *m.*
chess player	ajedrecista *m.* & *f.*
start	salida *f.*
gambit	gambito *m.*
castling	enroque *m.*

check	jaque *m.*
mate	mate *m.*
checkmate	jaque mate *m.*
king	rey *m.*
queen	reina *f.*
castle, rook	torre *f.*
knight	caballo *m.*
bishop	alfil *m.*
pawn	peón *m.*
to block	encerrar
to mate, to checkmate	dar mate, dar jaque y mate
to draw	hacer tablas
to win; to lose	ganar; perder

III. Games of chance — Juegos (*m.*) de azar.

card games	juegos (*m.*) de cartas
cards	cartas *f.*, naipes *m.*
pack (of cards), deck	baraja *f.*
suit	palo *m.*
joker	comodín *m.*
ace	as *m.*
king	rey *m.*
queen	reina *f.*
Jack	jota *f.*
face cards, court cards	figuras *f.*
clubs	trébol *m. sing.*
diamonds	diamante *m. sing.*
hearts	corazón *m. sing.*
spades	pico *m. sing.*
trumps	triunfos *m.*
to shuffle	barajar
to cut	cortar
to deal	dar, distribuir, repartir
banker	banquero *m.*
hand	mano *m.*
to lead	salir
to lay	poner
to follow suit	servir del palo
to trump	fallar
to overtrump	contrafallar
to win a trick	ganar una baza
to pick up, to draw	robar
stake	apuesta *f.*, puesta *f.*
to stake	apostar
to raise	envidar
to see	aceptar (bet)
bid	declaración *f.*
to bid	declarar
bluff	farol *m.*
to bluff	tirarse un farol
royal flush	escalera (*f.*) real
straight flush	escalera (*f.*) de color
straight	escalera *f.*
four of a kind	póker *m.*
full house	full *m.*
three of a kind	trío *m.*
two pairs	doble pareja *f. sing.*
one pair	pareja *f.*
to go banco	copar la banca
bank	banca *f.*
martingale	martingala *f.*
poker	póquer *m.*, póker *m.*
chemin-de-fer	chemin-de-fer *m.*
baccarat	bacarrá *m.*, bacará *m.*
shoe	carrito *m.*
whist	whist *m.*
bridge	bridge *m.*
rummy	rami *m.*
canasta	canasta *f.*
old maid	mona *f.*
beggar-my-neighbour	guerrilla *f.*
patience	solitario *m.*

roulette	ruleta *f.*
dice	dados *m.*

IV. Children's games — Juegos (*m.*) infantiles.

tin soldiers, toy soldiers	soldaditos (*m.*) de plomo
trainset	tren *m.*
cowboys and Indians	vaqueros (*m.*) e indios *m.*
catapult [U.S., slingshot]	tiragomas *m. inv.*, tirador *m.*, tirachinos *m. inv.*
cops and robbers	justicias y ladrones *m.*
peashooter	tirabala *m.*
popgun	fusil (*m.*) de juguete
doll	muñeca *f.*
doll's house	casa (*f.*) de muñecas
to skip	saltar a la comba
skipping rope	comba *f.*
ball	pelota *f.*
tag	pillapilla *m.*
hide and seek	escondite *m.*
hopscotch	tejo *m*, infernáculo *m.*
marbles	canicas *f.*, bolas *f.*
dibs [U.S., jacks]	tabas *f.*
hoop	aro *m.*
stilts	zancos *m.*
spinning top	peonza *f.*, trompo *m.*
kite	cometa *f.*
plasticene, plasticine	arcilla (*f.*) de modelar
meccano	mecano *m.*
aeromodelling	aeromodelismo *m.*
scooter	patineta *f.*
swing	columpio *m.*
slide	tobogán *m.*
sledge [U.S., sled]	trineo *m.*
snowball	bola (*f.*) de nieve
snowman	muñeco (*m.*) de nieve
yo-yo	yoyo *m.*
diabolo	diábolo *m.*, diávolo *m.*

V. Other games — Otros juegos, *m.*

darts	dardos *m.*
dartboard	blanco *m.*
quoits	tejo *m.*, chito *m.*
bowls	bochas *f.*
jack	boliche *m.*
tenpins, bowling, skittles	bolos *m. pl.*
billiards	billar *m.*
snooker	billar (*m.*) ruso
cue	taco (*m.*) de billar
pocket	tronera *f.*
table tennis	ping-pong, tenis (*m.*) de mesa
racket	raqueta *f.*
net	red, *f.*
croquet	croquet *m.*

See also DEPORTE and ENTERTAINMENTS

GEOGRAPHY/GEOGRAFÍA

I. General terms — Términos (*m.*) generales.

physical geography	geografía (*f.*) física
economic geography	geografía (*f.*) económica
geopolitics	geopolítica *f.*
geology	geología *f.*
geodesy	geodesia *f.*
ethnography	etnografía *f.*
cosmography	cosmografía *f.*
cosmology	cosmología *f.*
toponymy	toponimia *f.*
oceanography	oceanografía *f.*
meteorology	meteorología *f.*
orography	orografía *f.*
hydrography	hidrografía *f.*
vegetation	vegetación *f.*
relief	relieve *m.*
climate	clima *m.*
Earth	Tierra *f.*
Universe; cosmos	Universo *m.*; cosmos *m.*
world	mundo *m.*
globe	globo *m.*
earth, globe	globo (*m.*) terráqueo, esfera (*f.*) terrestre
continent	continente *m.*
terra firma	tierra (*f.*) firme
coast	costa *f.*
littoral, coast, shore	litoral *m.*
archipelago	archipiélago *m.*
peninsula	península *f.*
island	isla *f.*
plain	llanura *f.*
valley	valle *m.*
meadow (pequeña), prairie (grande)	pradera *f.*
lake	lago *m.*
pond	estanque *m.*
marsh; bog, swamp	pantano *m.*; ciénaga *f.*
small lake; lagoon (de atolón)	laguna *f.*
moor, moorland	landa *f.*
desert	desierto *m.*
dune	duna *f.*
oasis	oasis *m.*
savanna, savannah	sabana *f.*
virgin forest	selva (*f.*) virgen
steppe	estepa *f.*
tundra	tundra *f.*

II. Cartography — Cartografía, *f.*

map	mapa *m.*
map of the world	mapamundi *m.*
planisphere	planisferio *m.*
wall, skeleton map	mapa (*m.*) mural, mudo
map, plan, chart	plano *m.*
atlas	atlas *m.*
chart	carta (*f.*) marina
cadastre	catastro *m.*
scale	escala *f.*
topography	topografía *f.*
photogrammetry	fotogrametría *f.*

III. Orientation — Orientación, *f.*

cardinal points	puntos (*m. pl.*) cardinales
compass rose	rosa (*f.*) de los vientos
meridian	meridiano *m.*
parallel	paralelo *m.*
longitude; latitude	longitud *f.*; latitud *f.*
equator	ecuador *m.*
Tropic of Cancer, of Capricorn	trópico (*m.*) de Cáncer, de Capricornio
equinoctial line	línea (*f.*) equinoccial
North, South pole	Polo (*m.*) Norte, Sur
polar circle	círculo (*m.*) polar
northern	boreal
southern	austral
glacial, temperate, torrid zone	zona (*f.*) glacial, templada, tórrida
zenith	cenit *m.*
height above sea level	altura (*f.*) sobre el nivel del mar

IV. Sea and river — Mar (*m.* y *f.*) y río, *m.*

sea	mar *m.* y *f.*
high seas, open sea	alta mar *f.*
ocean	océano *m.*
inlet	brazo (*m.*) de mar
bay	bahía *f.*
gulf	golfo *m.*
cove, creek	cala *f.*, caleta *f.*
cove, inlet	ensenada *f.*
cape; promontory, headland	cabo *m.*; promontorio *m.*
cliff	acantilado *m.*
port, harbour [U.S., harbor]	puerto *m.*
bay, roadstead	rada *f.*
sandbank	banco *m.*, bajío *m.*
beach, shore	playa *f.*
strait	estrecho *m.*
isthmus	istmo *m.*
reef	escollo *m.*
key	cayo *m.*
sandbar	barra *f.*
tide	marea *f.*
undertow	resaca *f.*
wave	ola *f.*
tempest	tempestad *f.*
ground swell	mar (*m.*) de fondo
seaquake	maremoto *m.*
low water	estiaje *m.*
territorial waters	aguas (*f. pl.*) jurisdiccionales
current	corriente *f.*
ice floe	banco (*m.*) de hielo
iceberg	iceberg *m.*, témpano *m.*
shore (de mar), bank (río)	ribera *f.*, orilla *f.*
estuary	estuario *m.*, estero *m.*
delta	delta *m.*
mouth	desembocadura *f.*, embocadura *f.*
fiord	fiordo *m.*
ria	ría *f.*
watercourse	corriente (*f.*) de agua
stream, brook	arroyo *m.*
torrent	torrente *m.*
rapids *pl.*	rápido *m.*, rabión *m.*
source	nacimiento *m.*, cabecera *f.*
spring	manantial *m.*
bed	lecho *m.*, cauce *m.*

flow	caudal *m.*
basin	cuenca *f.*
waterfall, falls *pl.*, cascade	salto (*m.*) de agua, cascada *f.*
cataract	catarata *f.*
tributary	afluente *m.*
confluent	confluente *m.*
meander	meandro *m.*
canal	canal *m.*
wadi, wady	ued *m.*
swelling, freshet, flood	crecida *f.*, avenida *f.*
flood	inundación *f.*

V. Mountain — Montaña, *f.*

mountain range *o* chain	cordillera *f.*, cadena (*f.*) de montañas
knot	nudo *m.*
mountain; mount	monte *m.*, sierra *f.*
massif	macizo *m.*
mountain range (cadena), mountain crest (cumbre)	cuchilla *f.*
summit, top, crest	cumbre *f.*, cima *f.*, cresta *f.*
peak	pico *m.*
mountain pass, col	puerto *m.*
highest peak *o* mountain	punto (*m.*) culminante
spur, ridge	estribación *f.*, contrafuerte *m.*
slope, side	ladera *f.*, falda *f.*
volcano	volcán *m.*
ravine, canyon	quebrada *f.*, cañón *m.*
narrow pass	desfiladero *m.*
gorge, ravine	garganta *f.*
crevice	falla *f.*, grieta *f.*
precipice	precipicio *m.*
glacier	glaciar *m.*, ventisquero *m.*, nevero *m.*
plateau, tableland	meseta *f.*
high plateau	altiplanicie *f.* [*Amer.*, altiplano *m.*]
hill	colina *f.*
hill, hillock	cerro *m.*
hillock, knoll	altozano *m.*, collado *m.*, otero *m.*, loma *f.*
rock	peñón *m.*, roca *f.*

INHABITANTS/HABITANTES

Abyssinians	*abisinios*
Afghans	*afganos*
Africans	*africanos*
South Africans	*sudafricanos*
Albanians	*albaneses*
Germans	*alemanes*
Americans	*americanos*
Andorrans	*andorranos*
Antilleans	*antillanos*
Saudi Arabians	*sauditas*
Argentines	*argentinos*
Asians	*asiáticos*
Australians	*australianos*
Austrians	*austriacos*
Basutos	
Belgians	*belgas*
Burmans, Burmese	*birmanos*
Bolivians	*bolivianos*

Brazilians	*brasileños, brasileros*
Bulgarians	*búlgaros*
Cambodians	*camboyanos*
Camerouns	*cameruneses*
Canadians	*canadienses*
Ceylonese	*cingaleses*
Central Africans	*centroafricanos*
Colombians	*colombianos*
Congolese	*congoleños*
Koreans	*coreanos*
Costa Ricans	*costarricenses*
Cubans	*cubanos*
Czechs, Czechoslovaks	*checoslovacos*
Chileans	*chilenos*
Chinese	*chinos*
Cypriots	*chipriotas*
Dahomeans	*dahomeyanos*
Danes	*daneses, dinamarqueses*
Dominicans	*dominicanos*
Ecuadorians	*ecuatorianos*
Egyptians	*egipcios*
Salvadorans, Salvadorians	*salvadoreños*
Scotts, Scottish	*escoceses*
Spanish, Spaniards	*españoles*
Americans	*norteamericanos, estadounidenses*
Ethiopians	*etiopes*
Filipinos	*filipinos*
Finns	*finlandeses, fineses*
French	*franceses*
Gabonese	*gaboneses*
Welsh	*galeses*
Gambians	*gambienses, gambianos*
Ghanaians, Ghanians	*ghaneses*
British	*británicos*
Greeks	*griegos*
Guatemalans	*guatemaltecos*
Guineans	*guineos*
Haitians	*haitianos*
Dutch	*holandeses*
Hondurans	*hondureños*
Hungarians	*húngaros*
Indians	*indios*
Indonesians	*indonesios*
English	*ingleses*
Iranians, Iranis	*iranies*
Irakians, Irakis	*iraqueses, iraquies*
Irish	*irlandeses*
Icelanders	*islandeses*
Israelis	*israelies*
Italians	*italianos*
Jamaicans	*jamaicanos*
Japanese	*japoneses*
Jordanians	*jordanos*
Kenyans	*kenianos*
Khmer, Khmers	*kmer*
Kuwaitis	*kuwaities*
Laotians	*laosianos*
Lebanese	*libaneses*
Liberians	*liberianos*
Libyans	*libios*
Luxembourgers, Luxemburgers	*luxemburgueses*
Madagascans	*malgaches*
Malayans	*malayos*
Malians	*malienses*
Maltese	*malteses*
Moroccans	*marroquies*
Mauritanians	*mauritanos*
Mexicans	*mejicanos, mexicanos*
Monegasques	*monegascos*
Nepalis, Nepalese	*nepaleses*
Nicaraguans	*nicaragüenses*
Nigerians	*nigerinos*
	nigerianos

Norwegians	*noruegos*
New Zealanders	*neocelandeses*
Oceanian	
Dutch	*holandeses*
Panamanians	*panameños*
Pakistanis	*paquistaníes*
Paraguayans	*paraguayos*
Persians	*persas*
Peruvians	*peruanos*
Poles, Polish	*polacos*
Portuguese	*portugueses*
Porto Ricans	*puertorriqueños*
British	*británicos*
Rhodesians	*rodesios*
Rwandese	*ruandeses*
Rumanians, Roumanians	*rumanos*
Russians	*rusos*
San Marinese	*sanmarinenses*
Senegalese	*senegaleses*
Siamese	*siameses*
Syrians	*sirios*
Somalians	*somalíes*
Sudanese	*sudaneses*
Swedes, Swedish	*suecos*
Swiss	*suizos*
Thais, Thailanders	*tailandeses*
Tanzanians	*tanzanianos*
Togolese	*togoleses*
Tunisians	*tunecinos*
Turks, Turkish	*turcos*
Ugandans	*ugandeses*
Soviets	*soviéticos*
Uruguayans	*uruguayos*
Venezuelans	*venezolanos*
Vietnamese	*vietnamitas*
Yemenis, Yemenites	*yemeníes*
Yugoslavs, Yugoslavians	*yugoslavos*
Zairians	*zairenses*
Zambians	*zambianos*

KINSHIP/PARENTESCO

I. The family — La familia.

relations, relatives, kinfolk, kin	parientes *m.*
my family *o* people	los míos, mi familia *f.*
next of kin	pariente (*m. sing.*) más cercano, parientes (*m. pl.*) más cercanos
family life	vida (*f.*) familiar
caste	casta *f.*
tribe	tribu *f.*
clan	clan *m.*
dynasty	dinastía *f.*
race, breed	raza *f.*
stock	estirpe *f.*
lineage	linaje *m.*
origin	origen *m.*
ancestry	ascendencia *f.*
ancestors, forebears, forefathers	antepasados *m.*
extraction	extracción *f.*, origen *m.*
descent, offspring	descendencia *f.*
descendants	descendientes *m.*
progeny, issue	progenie *f.*, prole *f.*

succession	sucesión *f.*
consanguinity, blood relationship	consanguinidad *f.*
affinity	afinidad *f.*
kinsmen by blood, by affinity	parientes (*m.*) consanguíneos, por afinidad
blood	sangre *f.*
generation	generación *f.*
branch	rama *f.*
family tree	árbol (*m.*) genealógico
of noble birth	de noble alcurnia
of humble birth	de humilde cuna

II. Parents and children — Padres (*m.*) e hijos, *m.*

marriage	matrimonio *m.*
couple	pareja *f.*
husband	marido *m.*, esposo *m.*
foster parents	padres (*m.*) adoptivos
progenitor	progenitor *m.*
patriarch	patriarca *m.*
head of the family *o* of the household	cabeza (*m.*) de familia
father	padre *m.*
family man	padre (*m.*) de familia
papa, dad	papá, papi
daddy	papaíto
foster *o* adoptive father	padre (*m.*) adoptivo
father-in-law	suegro *m.*, padre (*m.*) político
stepfather	padrastro *m.*
godfather	padrino *m.*
mother	madre *f.*
mama, mum, ma	mamá *f.*, mama *f.*
mummy	mamaíta *f.*
wife	mujer *f.*, esposa *f.*
better half (fam.)	media naranja *f.*
foster *o* adoptive mother	madre (*f.*) adoptiva
stepmother	madrastra *f.*
godmother	madrina *f.*
mother-in-law	suegra *f.*, madre (*f.*) política
son	hijo *m.*
daughter	hija *f.*
child	niño *m.*, hijo *m.*; niña *f.*, hija *f.*
children	hijos *m.*, niños *m.*
legitimate child	hijo (*m.*) legítimo
natural child	hijo (*m.*) natural
bastard child	hijo (*m.*) bastardo
illegitimate child	hijo (*m*) ilegítimo
adulterine child	hijo (*m.*) adulterino
adopted *o* foster child	hijo (*m.*) adoptivo
stepson, stepchild	hijastro *m.*
stepdaughter, stepchild	hijastra *f.*
son-in-law	yerno *m.*, hijo (*m.*) político
daughter-in-law	nuera *f.*, hija (*f.*) política
only child	hijo (*m.*) único
first-born	primogénito *m.*
second-born	segundogénito *m.*
second son	segundón *m.*
youngest, youngest child	benjamín *m.*, hijo (*m.*) menor
eldest child	hijo (*m.*) mayor
godchild, godson	ahijado *m.*
goddaughter	ahijada *f.*
dauphin	delfín *m.*
heir	heredero *m.*
orphan	huérfano *m.*, huérfana *f.*
foundling	expósito *m.*, expósita *f.*

III. Other relatives — Otros parientes, *m.*

brother	hermano *m.*
sister	hermana *f.*
full brother, brother-german	hermano (*m.*) carnal
full sister, sister-german	hermana (*f.*) carnal
half brother	medio hermano *m.*
half sister	media hermana *f.*
stepbrother	hermanastro *m.*
stepsister	hermanastra *f.*
foster brother	hermano (*m.*) de leche
uterine brother	hermano (*m.*) de madre *or* uterino
twin brother	mellizo *m.*, gemelo *m.*
brother-in-law	cuñado *m.*, hermano (*m.*) político
sister-in-law	cuñada *f.*, hermana (*f.*) política
brother of one's brother-in-law *or* sister-in-law	concuñado *m.*
brotherhood	hermandad *f.*
brotherly love	amor (*m.*) fraternal
fraternity	fraternidad *f.*
confraternity	confraternidad *f.*
grandparents	abuelos *m.*
grandfather	abuelo *m.*
grandad, grandpa	abuelito *m.*
grandmother	abuela *f.*
granny, gran, nanny, grandma	abuelita *f.*
step-grandfather	abuelastro *m.*
step-grandmother	abuelastra *f.*
great-grandfather	bisabuelo *m.*
great-grandmother	bisabuela *f.*
great-great-grandfather	tatarabuelo *m.*
great-great-grandmother	tatarabuela *f.*
grandchildren	nietos *m.*
grandson	nieto *m.*
granddaughter	nieta *f.*
great-grandson	bisnieto *m.*, biznieto *m.*
great-granddaughter	bisnieta *f.*, biznieta *f.*
great-great-grandson	tataranieto *m.*
great-great-granddaughter	tataranieta *f.*
uncle	tío *m.*
aunt	tía *f.*
aunty, auntie	tita *f.*
my uncle on my mother's side	mi tío (*m.*) materno
great-uncle, granduncle	tío (*m.*) abuelo
great-aunt, grandaunt	tía (*f.*) abuela
nephew	sobrino *m.*
niece	sobrina *f.*
great-nephew	sobrino (*m.*) nieto
great-niece	sobrina (*f.*) nieta
cousin	primo *m.*, prima *f.*
cousin-in-law	primo (*m.*) político, prima (*f.*) política
first cousin	primo (*m.*) carnal *or* hermano, prima (*f.*) carnal *or* hermana
second cousin	primo (*m.*) segundo, prima (*f.*) segunda
first cousin once removed	tío (*m.*) segundo (uncle), sobrino (*m.*) segundo (nephew), tía (*f.*) segunda (aunt), sobrina (*f.*) segunda (niece).
distant cousin	primo (*m.*) lejano, prima (*f.*) lejana

LEGAL TERMINOLOGY/VOCABULARIO JURÍDICO

I. Law — Derecho, *m.*

law	ley *f.*
draft	anteproyecto *m.*
Government bill	proyecto (*m.*) de ley
to pass *o* to carry a bill	adoptar una ley
to enact *o* to promulgate a law	promulgar una ley
ratification, confirmation	ratificación *f.*
law enforcement	aplicación (*f.*) de la ley
to come into force	entrar en vigor
decree	decreto *m.*
clause	cláusula *f.*
minutes	actas *f. pl.*
report	atestado *m.*
codification	codificación *f.*
legislation	legislación *f.*
legislator	legislador *m.*
jurist	jurista *m.*
jurisprudence	jurisprudencia *f.*
legitimation	legitimación *f.*
legality, lawfulness	legalidad *f.*
legal, lawful	legal
outlaw, outside the law	fuera de la ley
to contravene *o* to infringe *o* to break a law	quebrantar *or* transgredir *or* contravenir una ley
offender	contraventor *m.*
to abolish	abolir
revocation	revocación *f.*
rescission, annulment	rescisión *f.*
repeal, revocation, annulment (de una ley), cancellation, annulment, invalidation (de un contrato), cancellation (de un cheque), annulment (de un testamento), repeal, rescission (de un fallo)	anulación *f.*
immunity	inmunidad *f.*
disability, legal incapacity	incapacidad *f.*
nonretroactive character	irretroactividad *f.*
prescription	prescripción *f.*
attainder	privación (*f.*) de derechos cívicos
canon law	derecho (*m.*) canónico
common law	derecho (*m.*) consuetudinario
criminal, administrative, civil law	derecho (*m.*) penal, administrativo, civil
commercial *o* mercantile law	derecho (*m.*) mercantil *or* comercial
constitutional law	derecho (*m.*) político *or* constitucional
law of nations	derecho (*m.*) de gentes
international law	derecho (*m.*) internacional
natural law	derecho (*m.*) natural
labour laws *pl.*	derecho (*m.*) del trabajo *or* laboral
fiscal law	derecho (*m.*) fiscal
civil rights	derechos (*m. pl.*) civiles
right of asylum	derecho (*m.*) de asilo
human rights, rights of man	derechos (*m. pl.*) del hombre
[customs] duties	derechos (*m. pl.*) arancelarios
death duty *sing.*, death tax *sing.*	derechos (*m. pl.*) de sucesión
royalties	derechos (*m. pl.*) de autor
code of civil law	código (*m.*) civil
penal code	código (*m.*) penal
code of mercantile law	código (*m.*) de comercio

II. Courts — Tribunales, *m.*

court of first instance	Tribunal (*m.*) de primera instancia
criminal court	Audiencia (*f.*) de lo criminal
civil court	Tribunal (*m.*) civil
regional court, Court of Appeal	Audiencia (*f.*) territorial, Tribunal (*m.*) de apelación
Court of Cassation	Tribunal (*m.*) de Casación
High Court [U.S. Supreme Court]	Tribunal (*m.*) Supremo
International Court of Justice	Tribunal (*m.*) Internacional de Justicia
conciliation board in industrial disputes	Magistratura (*f.*) del Trabajo
arbitration tribunal, court of arbitration	Tribunal (*m.*) de arbitraje
juvenile court	Tribunal (*m.*) de Menores
court-martial	Consejo (*m.*) de guerra
Law Courts *pl.*	Palacio (*m.*) de Justicia
National Audit Office [U.S., Committee on Public Accounts]	Tribunal (*m.*) de cuentas
to fall within the competence of a court	ser de la competencia de un tribunal

III. Functions — Funciones, *f.*

The Bar	foro *m.*, colegio (*m.*) de abogados
judge	juez *m.*
presiding judge	presidente *m.*
legal adviser	asesor (*m.*) jurídico
examining magistrate	juez (*m.*) de instrucción
judge in appeal	juez (*m.*) de apelación
juvenile court judge	juez (*m.*) de menores
public prosecutor [U.S., district attorney]	fiscal *m.*, procurador (*m.*) de la República
attorney general	procurador (*m.*) general
jury (tribunal), juror (miembro)	jurado *m.*
lawyer, solicitor (consejero), barrister [U.S., attorney, lawyer] (en el tribunal)	abogado *m.*
assistant lawyer	pasante (*m.*) de abogado
attorney	procurador *m.*
counsel for the defence	defensor *m.*
notary	notario *m.*

IV. Preliminary investigation — Instrucción, *f.*

inquiry	investigación *f.*, indagación *f.*, diligencias (*f. pl.*) previas
hearing	audiencia *f.*, vista *f.*
proceedings	autos *m. pl.*
summary	sumario *m.*
interrogatory, examination	interrogatorio *m.*
criminal record *sing.*	antecedentes (*m. pl.*) penales
hearing of witnesses	audición (*f.*) de testigos
responsibility, liability	responsabilidad *f.*
eyewitness	testigo (*m.*) ocular

domiciliary visit, house search	visita (*f.*) domiciliaria
evidence *sing.*, exhibits	piezas (*f. pl.*) de convicción
extenuating, aggravating, exculpatory *o* exonerating circumstances	circunstancias (*f. pl.*) atenuantes, agravantes, eximentes
alibi	coartada *f.*
summons	auto (*m.*) *or* orden (*f.*) de comparecencia, requerimiento *m.*, intimación *f.*, conminación *f.*
warrant for arrest	orden (*f.*) de detención
to arrest	detener
arrest	arresto *m.*, detención *f.*
on probation	en libertad vigilada
release on bail	libertad (*f.*) provisional *or* bajo fianza
to sue, to prosecute	citar ante los tribunales
to call s.o. to witness	citar a uno de testigo

V. Proceedings, *pl.*, procedure — Procedimiento (*m.*) judicial, enjuiciamiento, *m.*

justice	justicia *f.*
to judge	juzgar
lawsuit	pleito *m.*
to institute proceedings	entablar un pleito
trial	proceso *m.*
institution of proceedings	incoación (*f.*) de un proceso
cause, suit	causa *f.*
accusation	denuncia *f.*
to lodge a complaint	presentar una denuncia
complaint	querella *f.*
action; claim	acción *f.*; demanda *f.*
to institute proceedings, to bring a lawsuit,	presentar una demanda
prosecution	demanda (*f.*) pública
claim for damages	demanda (*f.*) por daños y perjuicios
claim for compensation	petición (*f.*) de indemnización
plaintiff	demandante *m.* y *f.*
the opposing party, the other side	la parte contraria
writ of summons, citation	citación *f.*
to plead, to claim	alegar
plea	alegato *m.*
deposition, evidence	deposición *f.*
indictment, charge	informe (*m.*) del fiscal
count of indictment	cargo (*m.*) de acusación
indictment	acta (*f.*) de acusación
to plead guilty	declararse culpable
sworn statement	declaración (*f.*) jurada
on oath	bajo juramento
accuser	acusador *m.*
accused, defendant	acusado *m.*, procesado *m.*
delinquent, offender	delincuente *m.* y *f.*
accused, defendant	reo *m.* y *f.*
guilty party, culprit	culpable *m.* y *f.*
recidivist	reincidente *m.* y *f.*
accomplice	cómplice *m.* y *f.*
complicity	complicidad *f.*
harbourer [U.S., harborer] (de personas), receiver (de mercancías).	encubridor *m.*
in flagrante delicto	en flagrante delito
with malice aforethought	con premeditación
public hearing	audiencia (*f.*) pública
in camera	a puerta cerrada

witness for the prosecution, for the defence	testigo (*m.*) de cargo, de descargo
proof, evidence	prueba *f.*
witness box [U.S., witness stand]	barra *f.*
dock	banquillo (*m.*) de los acusados
self-defence [U.S., self-defense]	legítima defensa *f.*
force majeure, act of God	fuerza (*f.*) mayor
to pronounce sentence	pronunciar un fallo
miscarriage of justice	error (*m.*) judicial
sentence	condena *f.*
convict	condenado *m.*
judgment by default	condena (*f.*) en rebeldía
to be ordered to pay costs	ser condenado en costas
acquittal	absolución *f.*
verdict of not guilty	veredicto (*m.*) absolutorio
petition for a reprieve	petición (*f.*) de indulto
stay of proceedings (provisional), nonsuit (definitivo)	sobreseimiento *m.*
to appeal, to lodge an appeal	apelar, recurrir, interponer recurso

VI. Infractions — Infracciones, *f.*

crime, offence [U.S., offense]	delito *m.*
offence [U.S., offense]	ofensa *f.*
crime	crimen *m.*
attempt	tentativa *f.*, conato *m.*
unfulfilment	incumplimiento *m.*
nonobservance	inobservancia *f.*
injustice	injusticia *f.*
threat, menace	amenaza *f.*
high treason	alta traición *f.*
adultery	adulterio *m.*
forgery, forging, counterfeiting	falsificación *f.*
perjury	perjurio *m.*
to bear false witness, to commit perjury	levantar falso testimonio
attempted murder (contra personas), offence [U.S., offense] (contra la ley)	atentado *m.*
assassination, murder	asesinato *m.*
homicide	homicidio *m.*
infanticide, child murder	infanticidio *m.*
assault and battery	lesiones *f. pl.*
kidnapping, abduction	rapto *m.*, secuestro *m.*
highjacking (de aviones)	secuestro *m.*
piracy	piratería *f.*
rape, violation	violación *f.*
conspiracy, plot	conspiración *f.*
theft, larceny	robo *m.*
armed robbery	robo (*m.*) a mano armada
housebreaking, burglary	robo (*m.*) con fractura
contraband, smuggling	contrabando *m.*
swindle	estafa *f.*, timo *m.*
embezzlement	malversación (*f.*) de fondos, desfalco *m.*
prevarication	prevaricación *f.*
bribery, suborning	soborno *m.*
breach of contract	ruptura (*f.*) de contrato
fraud	fraude *m.*
tax evasion	fraude (*m.*) fiscal
misuse of authority	abuso (*m.*) de autoridad
corruption	corrupción *f.*
usurpation	usurpación *f.*
blackmail	chantaje *m.*
calumny, slander	calumnia *f.*

intoxication	estado (*m.*) de embriaguez
disturbance of the peace	alteración (*f.*) del orden público

VII. Punishment, *sing.*, penalty, *sing* — Penas, *f.*

death sentence *o* penalty	pena (*f.*) de muerte
imprisonment	prisión *f.*
prison, gaol [U.S., jail]	cárcel *f.*
life imprisonment	cadena (*f.*) perpetua
hard labour [U.S., hard labor]	trabajos (*m. pl.*) forzados *or* forzosos
fine	multa *f.*
embargo	embargo *m.*
local banishment	interdicción (*f.*) de residencia
attainder	interdicción (*f.*) civil
alimony, allowance	pensión (*f.*) alimenticia
indemnity, indemnification, compensation	indemnización *f.*
extradition	extradición *f.*

VIII. Other terms — Otros términos, *m.*

baptismal certificate	fe (*f.*) de bautismo
birth, marriage, death certificate	partida (*f.*) de nacimiento, de matrimonio, de defunción
extract from police records	certificado (*m.*) de penales
notarial deed	escritura (*f.*) notarial
bill of sale	escritura (*f.*) de venta
lease	arrendamiento *m.*,
proprietorship, ownership	propiedad *f.*
ownership without usufruct *o* use	nuda propiedad *f.*
personal property *sing.*, movables	bienes (*m. pl.*) muebles
real estate	bienes (*m. pl.*) raíces *or* inmobiliarios
copyright	propiedad (*f.*) artística y literaria
patent rights *pl.*	propiedad (*f.*) industrial
real estate	propiedad (*f.*) inmobiliaria
Land Register	registro (*m.*) de la propiedad
alienation, transfer, assignment	alienación *f.*, enajenación *f.*
mental derangement, alienation, insanity	enajenación (*f.*) mental
fingerprint	huella (*f.*) dactilar *or* digital
corpse	cadáver *m.*
mortuary, morgue	depósito (*m.*) de cadáveres
autopsy	autopsia *f.*
file, dossier	expediente *m.*
naturalization	naturalización *f.*
will	testamento *m.*
codicil	codicilo *m.*
heir; legatee	heredero *m.*; legatario; *m.*
inheritance	herencia *f.*
emancipation	emancipación *f.*
to come of age	llegar a la mayoría de edad
disowning of offspring	denegación (*f.*) de la paternidad
tutelage, guardianship	tutela *f.*
tutor, guardian	tutor *m.*
marriage by proxy	casamiento (*m.*) por poderes
to sue for divorce	pedir el divorcio

MATHS AND PHYSICS/MATEMÁTICAS Y FÍSICA

I. Mathematics — Matemáticas, *f. pl.*

theorem	teorema *m.*
arithmetic	aritmética *f.*
calculation	cálculo *m.*
operation	operación *f.*
addition	suma *f.*, adición *f.*
sum	total *m.*, suma *f.*
2 plus 1 equals 3	dos más uno son tres
addend	sumando *m.*
plus, minus sign	signo (*m.*) más, menos
subtraction	resta *f.*, sustracción *f.*
4 minus 2 equals 2	cuatro menos dos son dos
remainder	resto *m.*
multiplication	multiplicación *f.*
multiplicand	multiplicando *m.*
multiplier	multiplicador *m.*
4 multiplied by 5, 4 times 5	4 multiplicado por 5
product	producto *m.*
division; divisor	división *f.*; divisor *m.*
dividend	dividendo *m.*
decimal point	coma *f.*
nought point four	cero coma cuatro, cero con cuatro
fraction	fracción *f.*, quebrado *m.*
ratio; proportion	razón *f.*; proporción *f.*
numerator	numerador *m.*
common denominator	común denominador *m.*
exponent	exponente *m.*
differential calculus	cálculo (*m.*) diferencial
integral calculus	cálculo (*m.*) integral
slide rule	regla (*f.*) de cálculo
function; derivative	función *f.*; derivada *f.*
power	potencia *f.*
to raise to the power of five	elevar a la quinta potencia
x squared	x al cuadrado
cube; three cubed	cubo *m.*; tres al cubo
to the fourth power *o* the power of four	elevado a cuatro *or* a la cuarta potencia
square, cube root	raíz (*f.*) cuadrada, cúbica
rule of three	regla (*f.*) de tres
logarithm	logaritmo *m.*
logarithm table	tabla (*f.*) de logaritmos
algebra	álgebra *f.*
equation	ecuación *f.*
unknown	incógnita *f.*
simple, quadratic, cubic equation	ecuación (*f.*) de primer, de segundo, de tercer grado
plane, solid, descriptive geometry	geometría (*f.*) plana, sólida, descriptiva
space	espacio *m.*
area	superficie *f.*, área *f.*
line; point	línea *f.*; punto *m.*
point	punto *m.*
circle	círculo *m.*
centre [U.S., center]	centro *m.*
circumference	circunferencia *f.*
arc; radius	arco *m.*; radio *m.*
diameter	diámetro *m.*
degree	grado *m.*
parallel	paralelo *m.*
polygon	polígono *m.*
equilateral, isosceles, scalene, right-angled triangle	triángulo (*m.*) equilátero, isósceles, escaleno, rectángulo
base; side	base *f.*; lado *m.*
hypothenuse	hipotenusa *f.*
quadrilateral	cuadrilátero *m.*
rectangle; square	rectángulo *m.*; cuadrado *m.*

trapezium	trapecio *m.*
rhomb, rhombus	rombo *m.*
ellipse	elipse *f.*
acute, right, obtuse angle	ángulo (*m.*) agudo, recto, obtuso
cube	cubo *m.*
sphere; cylinder	esfera *f.*; cilindro *m.*
cone	cono *m.*
pyramid; prism	pirámide *f.*; prisma *m.*
frustum	tronco *m.*
opposite	opuesto, ta
similar	semejante
rectangular, right-angled	rectangular
equidistant	equidistante
infinity	infinito *m.*

II. Mechanics — Mecánica, *f.*

matter	materia *f.*
energy	energía *f.*
vacuum	vacío *m.*
liquid; solid; fluid	líquido *m.*; sólido *m.*; fluido *m.*
body; mass	cuerpo *m.*; masa *f.*
weight; density	peso *m.*; densidad *f.*
specific gravity	peso (*m.*) específico
gravity	gravedad *f.*
velocity	velocidad *f.*
kinetic energy	energía (*f.*) cinética
intensity	intensidad *f.*
friction	fricción *f.*
pressure	presión *f.*
to exert a force	ejercer una fuerza
vector	vector *m.*
work	trabajo *m.*
temperature; heat	temperatura *f.*; calor *m.*
conduction	conducción *f.*
conductor	conductor *m.*
radiation	radiación *f.*
expansion	expansión *f.* (of gas), dilatación *f.* (of metal)
quantum theory	teoría (*f.*) de los quanta *or* de los cuanta *or* cuántica
dynamics; kinematics	dinámica *f.*; cinemática *f.*
kinetics; statics	cinética *f.*; estática *f.*
torque	momento (*m.*) de torsión
axis of rotation	eje (*m.*) de rotación
moment of inertia	momento (*m.*) de inercia

III. Optics — Óptica, *f.*

light; ray	luz *f.*; rayo *m.*
source	fuente *f.*
beam	haz *m.* (parallel rays)
diffraction	difracción *f.*
reflection; refraction	reflexión *f.*; refracción *f.*
incident ray	rayo (*m.*) incidente
angle of incidence	ángulo (*m.*) de incidencia
refractive index	índice (*m.*) de refracción
lens; image; focus	lente *f.*; imagen *f.*; foco *m.*
focal point	punto (*m.*) focal
focal length	distancia (*f.*) focal
convergent; divergent	convergente; divergente
concave; convex	cóncavo, va; convexo, xa
biconcave, concavo-concave	bicóncavo, va
biconvex, convexo-convex	biconvexo, xa
mirror	espejo *m.*

IV. Magnetics — Magnetismo, *m.*

magnetism	magnetismo *m.*
magnetic field, flux	campo (*m.*), flujo (*m.*) magnético
magnetic induction	inducción (*f.*) magnética
magnet	imán *m.*
electromagnet	electroimán *m.*
electromagnetic	electromagnético, ca
pole	polo *m.*
coil	bobina *f.*, carrete *m.*

V. Electricity — Electricidad, *f.*

electric current	corriente (*f.*) eléctrica
electron; proton	electrón *m.*; protón *m.*
positron	positrón *m.*
charge	carga *f.*
positive; negative	positivo, va; negativo, va
electromotive force	fuerza (*f.*) electromotriz
electrode	electrodo *m.*
anode; cathode	ánodo *m.*; cátodo *m.*
electropositive	electropositivo, va
electronegative	electronegativo, va

MEDICINE/MEDICINA

I. General terms — Términos (*m.*) generales.

forensic medicine	medicina (*f.*) legal *or* forense
doctor, physician	médico *m.*, doctor *m.*
family doctor	médico (*m.*) de cabecera.
pediatrician, pediatrist	pediatra *m.*
gynecologist	ginecólogo *m.*
tocologist, obstetrician	tocólogo *m.*
neurologist	neurólogo *m.*
psychiatrist	psiquiatra *m.*, siquiatra *m.*
ophthalmologist; oculist	oftalmólogo *m.*; oculista *m.*
dentist; odontologist	dentista *m.*; odontólogo *m.*
surgeon	cirujano *m.*
anesthetist, anaesthetist	anestesista *m.*
nurse	enfermero *m.*, enfermera *f.*
hospital	hospital *m.*
clinic	clínica *f.*
sanatorium; clinic	sanatorio *m.*
health	salud *f.*
healthy (person), wholesome (cosa)	sano, na
hygiene	higiene *f.*
to get vaccinated	vacunarse
sick person; patient	enfermo *m.*
patient	paciente *m.* y *f.*
to be sick *o* ill	estar enfermo *or* malo
sickly	enfermizo, za
ailment, complaint	achaque *m.*, dolencia *f.*
pain	dolor *m.*
indisposition, slight illness	indisposición *f.*
unwell, indisposed	indispuesto, ta
affection, disease	afección *f.*
ulcer	úlcera *f.*

wound, injury	herida *f.*
lesion, injury	lesión *f.*
wound	llaga *f.*
rash, eruption	erupción *f.*, sarpullido *m.*
spot, pimple	grano *m.*
blackhead, spot	espinilla *f.*
blackhead	barro *m.*, barrillo *m.*
blister	ampolla *f.*, vejiga *f.*
furuncle, boil	furúnculo *m.*
scab	postilla *f.*, costra *f.*
scar	cicatriz *f.*
wart	verruga *f.*
callus, callosity; corn (en los pies)	callo *m.*, callosidad *f.*
chilblain	sabañón *m.*
bruise; ecchymosis	cardenal *m.*; equimosis *f.*
bump, swelling	chichón *m.*
swelling	hinchazón *f.*
contusion, bruise	contusión *f.*
sprain, twist	esguince *m.*, torcedura *f.*
fracture	fractura *f.*
symptom	síntoma *m.*
diagnosis	diagnóstico *m.*
case	caso *m.*
incubation	incubación *f.*
epidemic	epidemia *f.*
contagion	contagio *m.*
fever	calentura *f.*, fiebre *f.*
attack, access, fit	ataque *m.*, acceso *m.*
coughing fit	acceso (*m.*) de tos
to take to one's bed	acostarse, encamarse
to sneeze	estornudar
faint, fainting fit	desmayo *m.*
vertigo; dizziness	vértigo *m.*
to feel sick	estar mareado
to lose consciousness	perder el conocimiento
concussion	conmoción (*f.*) cerebral
coma	coma *m.*
diet	régimen *m.*, dieta *f.*
treatment	tratamiento *m.*
to get better, to improve	mejorar
cure	cura *f.*, curación *f.*
relapse	recaída *f.*

II. Diseases — Enfermedades, *f.*

anemia, anaemia	anemia *f.*
angina pectoris	angina (*f.*) de pecho
appendicitis	apendicitis *f.*
arthritis	artritis *f.*
bronchitis	bronquitis *f.*
cancer	cáncer *m.*
cold, catarrh	catarro *m.*
sciatica	ciática *f.*
cholera	cólera *m.*
[head] cold	constipado *m.*
malnutrition	desnutrición *f.*
diabetes	diabetes *f.*
diphtheria	difteria *f.*
headache	dolor (*m.*) de cabeza
eczema	eczema *m.*
cold	enfriamiento *m.*
epilepsy	epilepsia *f.*
erysipelas	erisipela *f.*
scarlet fever	escarlatina *f.*
sclerosis	esclerosis *f.*
pharyngitis	faringitis *f.*
yellow fever	fiebre (*f.*) amarilla

Malta fever	fiebre (*f.*) de Malta
malaria, swamp fever	fiebre (*f.*) palúdica, paludismo *m.*
gangrene	gangrena *f.*
gout	gota *f.*
flu	gripe *f.*
hemiplegy, hemiplegia	hemiplejía *f.*
icterus, jaundice	ictericia *f.*
indigestion	indigestión *f.*
miocardial infarction	infarto (*m.*) del miocardio
migraine, splitting headache	jaqueca *f.*
leukemia	leucemia *f.*
insanity	locura *f.*
malaria	malaria *f.*
pneumonia	neumonía *f.*, pulmonía *f.*
neuralgia	neuralgia *f.*
neurasthenia	neurastenia *f.*
mumps	paperas *f. pl.*
paralysis	parálisis *f.*
peritonitis	peritonitis *f.*
poliomyelitis	poliomielitis *f.*
rabies	rabia *f.*
rickets, rachitis	raquitismo *m.*
cold, chill, catarrh	resfriado *m.*
rheumatism	reúma *m.*, reumatismo *m.*
German measles, rubella	rubéola *f.*
measles	sarampión *m.*
scabies, itch	sarna *f.*
septicemia, septicaemia	septicemia *f.*
syphilis	sífilis *f.*
syncope	síncope *m.*
sinusitis	sinusitis *f.*
tetanus	tétanos *m.*
typhus	tifus *m.*
phtisis	tisis *f.*
torticollis, stiff neck	tortícolis *f.*
whooping cough	tos (*f.*) ferina, tosferina *f.*
thrombosis	trombosis *f.*
tuberculosis	tuberculosis *f.*
tumour [U.S., tumor]	tumor *m.*
urticaria, hives	urticaria *f.*
chicken pox, varicella	varicela *f.*
smallpox	viruela *f.*
zona, shingles	zona *f.*

III. Surgery — Cirugía, *f.*

operation	operación *f.*
anesthesia, anaesthesia	anestesia *f.*
blood transfusion	transfusión (*f.*) de sangre
probing, sounding	sondaje *m.*
amputation	amputación *f.*
tracheotomy	traqueotomía *f.*
trepanation	trepanación *f.*
graft; transplant	injerto *m.*; trasplante *m.*
ligature	ligadura *f.*
stitches	puntos *m. pl.*
cicatrization	cicatrización *f.*
operating theatre [U.S., operating theater]	quirófano *m.*
instruments *pl.*	instrumental *m.*
bistoury; scalpel	bisturí *m.*; escalpelo *m.*
bandage	venda *f.*
dressing, bandages *pl.*	vendaje *m.*, apósito *m.*
gauze	gasa *f.*
compress	compresa *f.*

sticking plaster	esparadrapo *m.*
catgut	catgut *m.*
plaster	enyesado *m.*, escayola *f.*
sling	cabestrillo *m.*
plastic surgery	cirugía (*f.*) estética *or* plástica
acupuncture	acupuntura *f.*

METALLURGY/METALURGIA

iron and steel industry	industria (*f.*) siderúrgica
ironworks	planta (*f.*) siderúrgica
foundry	fundición *f.*
steelworks, steel mill	acería *f.*
coking plant	coquería *f.*
electrometallurgy	electrometalurgia *f.*
powder metallurgy	metalurgia (*f.*) de polvos
blast furnace	alto horno *m.*
mouth, throat	tragante *m.*
hopper, chute	tolva *f.*
stack	cuba *f.*
belly	vientre *m.*
bosh	etalaje *m.*
crucible	crisol *m.*
slag tap	bigotera *f.*
taphole	piquera *f.*
pig bed	lecho (*m.*) de colada
taphole, drawhole	orificio (*m.*) de colada
mould [U.S., mold]	molde *m.*
tuyère, nozzle	tobera *f.*
ingot mould [U.S., ingot mold]	lingotera *f.*
floor	solera *f.*
hearth	hogar *m.*
charger	cargadora *f.*
ladle	cuchara *f.*
dust catcher	separador (*m.*) de polvo
washer	lavador *m.*
converter	convertidor *m.*
hoist	montacargas *m. inv.*
compressor	compresor *m.*
tilting mixer	mezclador (*m.*) basculante
regenerator	regenerador *m.*
heat exchanger	cambiador (*m.*) de calor
gas purifier	depurador (*m.*) de gases
turbocompressor	turbocompresor *m.*
burner	quemador *m.*
ladle	caldero (*m.*) de colada
cupola	cubilote *m.*
emptier	vaciador *m.*
trough	bebedero *m.*
skip	vagoneta *f.*
rolling mill	laminador *m.*, tren (*m.*) laminador
blooming mill	tren (*m.*) blooming
rollers	cilindros *m. pl.*
roller	rodillo *m.*
bed	bancada *f.*
rolling-mill housing	jaula (*f.*) del laminador
drawbench	banco (*m.*) de estirar
drawplate	hilera *f.*
shaft, refining, reverberatory, hearth furnace	horno (*m.*) de cuba, de refinación, de reverbero, de solera
firebrick lining	revestimiento (*m.*) refractario
retort	retorta *f.*
muffle	mufla *f.*
roof, arch	bóveda *f.*
forge	forja *f.*
press	prensa *f.*
pile hammer, drop hammer	martillo (*m.*) pilón

die	matriz *f.*
blowlamp [U.S., blowtorch]	soplete *m.*
crusher	trituradora *f.*
iron ore	mineral (*m.*) de hierro
coke	coque *m.*
bauxite	bauxita *f.*
alumina	alúmina *f.*
cryolite	criolita *f.*
flux	fundente *m.*
limestone flux	castina *f.*
haematite [U.S., hematite]	hematites *f.*
gangue	ganga *f.*
cast iron	arrabio *m.*, fundición *f.*, hierro (*m.*) colado
cast iron ingot	lingote (*m.*) de arrabio
slag	escoria *f.*
soft iron	hierro (*m.*) dulce
pig iron	hierro (*m.*) en lingotes
wrought iron	hierro (*m.*) forjado
iron ingot	hierro (*m.*) tocho
puddled iron	hierro (*m.*) pudelado
round iron	hierro (*m.*) redondo
scrap iron	chatarra *f.*
steel	acero *m.*
crude steel	acero (*m.*) bruto
mild *o* soft, hard, cast, stainless, electric steel	acero (*m.*) dulce, duro, colado, inoxidable, eléctrico
high-speed steel	acero (*m.*) rápido
cast *o* moulded steel	acero (*m.*) moldeado
refractory steel	acero (*m.*) refractario
alloy steel	acero (*m.*) aleado
plate, sheet	chapa *f.*
corrugated iron	chapa (*f.*) ondulada
tinplate, tin	hojalata *f.*
finished product	producto (*m.*) acabado
semifinished product	producto (*m.*) semiacabado, semiproducto *m.*
ferrous products	productos (*m. pl.*) férreos
coiled sheet	banda *f.*
bloom	bloom *m.*, desbaste *m.*
metal strip *o* band	fleje *m.*
billet	palanquilla *f.*
shavings *pl.*	viruta *f.*
profiled bar	barra (*f.*) perfilada
shape, section	perfil *m.*
angle iron	angular *m.*
frit	frita *f.*
wire	alambre *m.*
ferronickel	ferroníquel *m.*
elinvar	elinvar *m.*
ferrite	ferrita *f.*
cementite	cementita *f.*
pearlite	perlita *f.*
charging, loading	carga *f.*
fusion, melting, smelting	fusión *f.*
remelting	refundición *f.*
refining	afino *m.*, afinación *f.*, afinado *m.*
casting	vaciado *m.*, colada *f.*
to cast	vaciar, colar
tapping	sangría *f.*
to insufflate, to inject	insuflar, inyectar
heating	caldeo *m.*
preheating	precalentamiento *m.*
tempering	templado *m.*
temper	temple *m.*
hardening	endurecimiento *m.*
annealing	recocido *m.*
tempering	revenido *m.*
reduction	reducción *f.*
cooling	enfriamiento *m.*
decarbonization, decarburization	descarburación *f.*
coking	coquificación *f.*, coquización *f.*

slagging, scorification — escorificación *f.*
carburization — carburación *f.*
case hardening, cementation — cementación *f.*
fritting, sintering — fritado *m.*, fritaje *m.*, sinterización *f.*
puddling — pudelado *m.*, pudelaje *m.*
pulverization — pulverización *f.*
nitriding — nitruración *f.*
alloy — aleación *f.*
patternmaking — modelaje *m.*
moulding [U.S., molding] — moldeo *m.*, moldeado *m.*
floatation, flotation — flotación *f.*
calcination — calcinación *f.*
amalgamation — amalgamación *f.*
rolling — laminación *f.*, laminado *m.*
drawing — estirado *m.*
extrusion — extrusión *f.*
wiredrawing — trefilado *m.*
stamping, pressing — embutido *m.*
stamping — estampación *f.*, estampado *m.*
die casting — matrizado *m.*
pressing — prensado *m.*
forging — forjado *m.*
turning — torneado *m.*
milling — fresado *m.*
machining, tooling — mecanizado *m.*
autogenous *o* fusion welding — soldadura (*f.*) autógena
arc welding — soldadura (*f.*) de arco
electrolysis — electrólisis *f.*
trimming — desbarbado *m.*
blowhole — sopladura *f.*

MINING/MINERÍA

I. General terms — Términos (*m.*) generales.

bed, deposit, field — yacimiento *m.*
outcrop — afloramiento *m.*
fault — falla *f.*
vein, sean, lode — filón *m.*, veta *f.*, vena *f.*, criadero *m.*
gold reef — filón (*m.*) aurífero
pocket — bolsa *f.*
reservoir — depósito *m.*
trap — trampa *f.*
water table — capa (*f.*) de agua *or* acuífera
mine — mina *f.*
stratum, layer — banco *m.*, estrato *m.*, capa *f.*
quarry — cantera *f.*
clay pit — cantera (*f.*) de arcilla
peat bog — turbera *f.*
gold nugget — pepita (*f.*) de oro
gangue — ganga *f.*
prospector — prospector *m.* [*Amer.*, cateador *m.*]
prospecting — prospección *f.*, exploración *f.*
boring, drilling — sondeo *m.*, perforación *f.*
auger, drill — sonda *f.*, barrena *f.*
excavation — excavación *f.*
quarrying, extraction — extracción *f.*
borer, drill, drilling machine — perforadora *f.*
stonemason — cantero *m.*
stonecutter — picapedrero *m.*

miner	minero *m.*
mining engineer	ingeniero (*m.*) de minas
pan	batea *f.*

II. Minerals — Minerales, *m.*

iron ore	mineral (*m.*) de hierro
crystal	cristal *m.*
rock	roca *f.*
stone	piedra *f.*
coal	carbón *m.*, hulla *f.*
anthracite	antracita *f.*
coke	coque *m.*
oil	petróleo *m.*
lignite	lignito *m.*
peat	turba *f.*
marl, loam	marga *f.*
sandstone	piedra (*f.*) arenisca
granite	granito *m.*
slate	pizarra *f.*
clay	arcilla *f.*
marble	mármol *m.*
gravel	gravilla *f.*
chalk	creta *f.*
quartz	cuarzo *m.*
gypsum	yeso *m.*

III. Coal mining — Explotación (*f*). del carbón.

coal field	cuenca (*f.*) carbonífera, yacimiento (*m.*) de carbón
coal mine, colliery	mina (*f.*) de carbón
opencast working	explotación (*f.*) a cielo abierto
level	piso *m.*
working face	frente (*m.*) de corte
winding *o* hoisting shaft	pozo (*m.*) de extracción
ventilation shaft	pozo (*m.*) de ventilación
pithead, mine entrance	bocamina *f.*
gallery	galería *f.*
timbering, shoring	entibado *m.*, entibación *f.*
prop, shore	entibo *m.*, puntal *m.*
lining, planking	encofrado *m.*
air vent	respiradero *m.*
truck	vagoneta *f.*
slag	escoria *f.*
slag heap	escorial *m.*, escombrera *f.*
tip	escombrera *f.*
collier, coal miner	minero (*m.*) de carbón
pick	pico *m.*
shovel	pala *f.*
wedge	cuño *m.*
jumper	barrena *f.*
explosive	explosivo *m.*
charge	barreno *m.*
blast hole	barreno *m.*
undercutter	rozadora *f.*
miner's *o* safety lamp	lámpara (*f.*) de minero *or* de seguridad
fire damp explosion	explosión (*f.*) de grisú
cave-in	derrumbamiento *m.*
landslide	desprendimiento (*m.*) de tierra
flooding	inundación *f.*
asphyxia, suffocation, gassing	asfixia *f.*

IV. Oil — Petróleo, *m.*

oil field	yacimiento (*m.*) petrolífero
wildcat	sondeo (*m.*) de exploración
percussive drilling	perforación (*f.*) por percusión
rotary drilling	perforación (*f.*) rotatoria *or* por rotación
offshore drilling	perforación (*f.*) submarina
well	pozo *m.*
derrick	torre (*f.*) de perforación, derrick *m.*
Christmas tree	árbol (*m.*) de Navidad
crown block	caballete (*m.*) portapoleas
travelling block	polea (*f.*) móvil
drill pipe *o* stem	vástago (*m.*) de perforación
drill bit	trépano *m.*
roller bit	trépano (*m.*) de rodillos
diamond bit	trépano (*m.*) de diamantes
swivel	cabeza (*f.*) de inyección de lodo
turntable, rotary table	mesa (*f.*) giratoria
pumping station	estación (*f.*) de bombeo
sampling	muestreo *m.*
sample	muestra *f.*
core sample	testigo (*m.*) de sondeo
storage tank	tanque (*m.*) de almacenamiento
pipeline	oleoducto *m.*
pipe laying	tendido (*m.*) de oleoductos
oil tanker	petrolero *m.*, buque (*m.*) aljibe
tank car, tanker	vagón (*m.*) cisterna
tank truck, tanker	camión (*m.*) cisterna
refining	refinación *f.*, refinado *m.*, refino *m.*
refinery	refinería *f.*
cracking	cracking *m.*, craqueo *m.*
separation	separación *f.*
fractionating tower	torre (*f.*) de fraccionamiento
fractional distillation	destilación (*f.*) fraccionada
distillation column	columna (*f.*) de destilación
polymerizing, polymerization	polimerización *f.*
reforming	reformación *f.*
purification	purificación *f.*
hydrocarbon	hidrocarburo *m.*
crude oil	petróleo (*m.*) crudo, petróleo (*m.*) bruto, crudo *m.*
petrol [U. S., gasoline]	gasolina *f.* [*Amer.*, nafta *f.*]
octane number	índice (*m.*) de octano
paraffin	parafina *f.*
kerosene	queroseno *m.*
gas oil	gas-oil *m.*, gasoil *m.*
lubricating oil	aceite (*m.*) lubricante
asphalt	betún *m.*
benzene	benceno *m.*
fuel	combustible *m.*, carburante *m.*
natural gas	gas (*m.*) natural
olefin	olefina *f.*
petrochemicals	productos (*m.*) petroquímicos
high-grade *o* high-octane petrol	supercarburante *m.*

MOTORING/CIRCULACIÓN DE AUTOMÓVILES

I. General terms — Términos (*m.*) generales.

traffic	tráfico *m.*
rush hour	hora (*f.*) punta *or* de mayor afluencia
traffic jam	atasco *m.*, embotellamiento *m.*
traffic police *pl.*	policía (*f.*) de tráfico
traffic policeman	guardia (*m.*) de tráfico
road user	usuario (*m.*) de la carretera
highway code	código (*m.*) de la circulación
pedestrian	peatón *m.*
private car	coche (*m.*) de turismo
utility car	coche (*m.*) utilitario
commercial vehicle	vehículo (*m.*) comercial
lorry [U.S., truck]	camión *m.*
van	furgoneta *f.*

II. Roads — Carreteras, *f.*

motorway [U.S., freeway, superhighway]	autopista *f.*
A road, arterial road [U.S., arterial highway]	carretera (*f.*) nacional
B road, secondary road	carretera (*f.*) secundaria *or* comarcal
slip road (de autopista)	empalme *m.*
fork	bifurcación *f.*
crossroads; intersection, junction	cruce *m.*; intersección *f.*
side of the road, verge; hard shoulder (de autopista)	andén *m.*, arcén *m.*
one-way street	vía (*f.*) de dirección única
no entry	dirección (*f.*) prohibida
no parking	prohibido aparcar
roundabout	glorieta *f.*
cloverleaf junction	trébol *m.*
traffic island refuge	refugio *m.*, isleta *f.*
car park [U.S., parking lot]	aparcamiento *m.*
traffic, vehicular traffic	circulación (*f.*) rodada

III. Obstructions — Obstáculos, *m.*

steep hill	descenso (*m.*) peligroso
flyover	paso (*m.*) superior
subway (para peatones), underpass (para coches)	paso (*m.*) subterráneo
[manned, unmanned] level crossing	paso (*m.*) a nivel (con guarda, sin guarda)
pedestrian crossing	paso (*m.*) de peatones
pothole, hole	bache *m.*, badén *m.*
gravel	gravilla *f.*
right-hand, left-hand bend	curva (*f.*) a la derecha, a la izquierda
blind bend	curva (*f.*) sin visibilidad
Z bend, double bend	doble curva *f.*
dangerous *o* hairpin bend	curva (*f.*) peligrosa *or* muy cerrada
road narrows	estrechamiento (*m.*) de carretera

brow of a hill	cambio (*m.*) de rasante
road works	obras *f. pl.*
diversion	desviación *f.*, desvío *m.*
slippery road surface	firme (*m.*) *or* piso (*m.*) deslizante

IV. Road safety — Seguridad (*f.*) en carretera.

traffic *o* road signs *pl.*	señalización *f.*
no right turn	prohibido girar a la derecha
no U-turns	prohibido dar la vuelta
traffic lights	semáforos *m. pl.*
red light	disco (*m.*) rojo
flashing amber (semáforo)	señal (*f.*) intermitente
stop	stop *m.*: parada *f.*
right of way	prioridad *f.*, preferencia (*f.*) de paso
to give way	ceder el paso
horn	señal (*f.*) acústica
hand signals (con la mano), signals (en general)	señales (*f.*) ópticas
lights	luces *f. pl.*
headlights on full beam	luz (*f.*) de carretera
dipped headlights	luces (*f. pl.*) de cruce
headlights	faros *m. pl.*
to dip one's headlights	apagar los faros, poner las luces de cruce
sidelights	luces (*f. pl.*) de población
direction indicator, indicator	indicador (*m.*) de dirección
safety belt, seat belt	cinturón (*m.*) de seguridad

V. Accidents and offences — Accidentes (*m.*) e infracciones, *f.*

to lose control of one's vehicle	perder el dominio del vehículo
to skid	patinar, resbalar
to turn over	dar una vuelta de campana
to crash, to collide	chocar entrar en colisión
to hit, to crash into, to run into	chocar con, entrar en colisión con
not to give way	no respetar la prioridad
overtaking on the inside	adelantamiento (*m.*) por la derecha
drunken driving	conducción (*f.*) en estado de embriaguez
hit-and-run accident	delito (*m.*) de fuga
blood test	toma (*f.*) de sangre
breathalyser	alcohómetro *m.*
alcohol level	índice (*m.*) de alcohol
damage *sing.*	daños *m. pl.*
withdrawal of one's driving licence.	retirada (*f.*) del permiso de conducción

VI. Insurance — Seguro, *m.*

third-party insurance	seguro (*m.*) contra terceros
life insurance	seguro (*m.*) de vida
fully comprehensive insurance	seguro (*m.*) a todo riesgo
accident insurance	seguro (*m.*) contra accidentes
insurance against theft	seguro (*m.*) contra robo
no-claims bonus	descuento (*m.*) por no declaración de siniestro

MUSIC/MÚSICA

I. General terms — Términos (*m.*) generales.

sharp	sostenido *m.*, diesi *f.*
flat	bemol *m.*
natural [sign]	becuadro *m.*
staff, stave	pentagrama *m.*
A, B, C, D, E, F, G	la *m.*, si *m.*, do *m.*, re *m.*, mi. *m.*, fa *m.*, sol, *m.*
G *o* treble clef	clave (*f.*) de sol
F *o* bass clef	clave (*f.*) de fa
C *o* tenor *o* alto clef	clave (*f.*) de do
semibreve [U.S., whole note]	redonda *f.*, semibreve *f.*
minim [U.S., half note]	blanca *f.*, mínima *f.*
dotted crotchet [U.S., dotted *o* quarter note]	negra (*f.*) con puntillo
quaver [U.S., eighth note]	corchea *f.*
semiquaver [U.S., sixteenth note]	semicorchea *f.*
demisemiquaver [U.S., thirty-second note]	fusa *f.*
hemidemisemiquaver [U.S., sixty-fourth note]	semifusa *f.*
rest	pausa *f.*
crotchet rest [U.S., quarter rest]	suspiro *m.*
semitone	semitono *m.*
pause	calderón *m.*
time; bar (división), rhythm (ritmo)	compás *m.*
three-four time	compás (*m.*) de tres por cuatro
rhythm	ritmo *m.*
syncope, syncopation	síncopa *f.*
tone (intervalo), pitch (altura)	tono *m.*
major, minor key	tono (*m.*) mayor, menor
scale	escala *f.*, gama *f.*
arpeggio	arpegio *m.*
solfeggio, solmization	solfeo *m.*
diapason, range (conjunto de notas), tuning fork (para afinar)	diapasón *m.*
metronome	metrónomo *m.*
chord	acorde *m.*
cadence	cadencia *f.*
counterpoint	contrapunto *m.*
lyrics, *pl.*, words, *pl.*	letra *f.*
score	partitura *f.*
orchestra	orquesta *f.*
conductor	director (*m.*) de orquesta
baton	batuta *f.*
band	banda *f.*
solo; duet, duo	solo *m.*; dúo *m.*
trio	terceto *m.*
quartet, quartette	cuarteto *m.*
choir, choral society	coral *f.*

II. Musical forms — Géneros (*m.*) musicales.

instrumental, vocal, chamber music	música (*f.*) instrumental, vocal, de cámara
sacred music	música (*f.*) religiosa *or* sacra
plainsong	música (*f.*) llana
oratorio	oratorio *m.*
motet	motete *m.*
cantata	cantata *f.*
canticle	cántico *m.*
psalm	salmo *m.*
[Christmas] carol	villancico *m.*
sonata	sonata *f.*
symphony	sinfonía *f.*
concerto	concierto *m.*
prelude	preludio *m.*
overture	obertura *f.*
fugue	fuga *f.*
interlude	intermedio *m.*
opera	ópera *f.*
opéra comique	ópera (*f.*) cómica
comic opera	ópera (*f.*) bufa
operetta	zarzuela *f.*, opereta *f.*
musical [comedy]	comedia (*f.*) musical
melody	melodía *f.*
song	canción *f.*, canto *m.*
flamenco [song]	cante (*m.*) flamenco
chorus	estribillo *m.*
ballad	balada *f.*
lullaby	canción (*f.*) de cuna, nana *f.*
hymn; anthem (nacional)	himno *m.*

III. Keyboard instruments — Instrumentos (*m*). de teclado.

grand piano	piano (*m.*) de cola
keyboard	teclado *m.*
key	tecla *f.*
pedal	pedal *m.*
string	cuerda *f.*
hammer	macillo *m.*
pianola	pianola *f.*
harpsichord	clave *m.*, clavecín *m.*
organ	órgano *m.*
register, organ stop	registro *m.*
harmonium	armonio *m.*
barrel organ	organillo *m.*, pianillo *m.*

IV. String instruments — Instrumentos (*m.*) de cuerda.

bowed instruments	instrumentos (*m. pl.*) de arco
violin; viola	violín *m.*; viola *f.*
cello, violoncello	violoncelo *m.*
contrabass, double bass	contrabajo *m.*
first string; bass string	prima *f.*: bordón *m.*
sound hole	ese *f.*
sound box	caja (*f.*) de resonancia
mute, sourdine	sordina *f.*
bow	arco *m.*

harp; zither	arpa *f.*; cítara *f.*
lyre	lira *f.*
guitar; lute	guitarra *f.*; laúd *m.*
banjo	banjo *m.*
plectrum	púa *f.*, plectro *m.*
fret	traste *m.*
neck	mástil *m.*
nut	ceja *f.*
bridge	caballete *m.*, puente *m.*

V. Wind instruments — Instrumentos (*m.*) de viento.

woodwind [instrument]	instrumento (*m.*) de madera
flute	flauta *f.*
pipe, shawm	caramillo *m.*
harmonica, mouth organ	armónica *f.*
oboe	oboe *m.*
bagpipes *pl.*	gaita *f.*
accordion	acordeón *m.*
English horn, tenor oboe, cor anglais	corno (*m.*) inglés
clarinet	clarinete *m.*
bassoon	fagot *m.*
double bassoon, contrabassoon	contrafagot *m.*
brass instruments	instrumentos (*m. pl.*) de metal, cobres *m. pl.*
horn; trumpet	trompa *f.*; trompeta *f.*
cornet	cornetín *m.*, corneta *f.*
trombone	trombón *m.*
saxophone	saxofón *m.*
mouthpiece	boquilla *f.*, embocadura *f.*
reed	lengüeta *f.*
key	llave *f.*
piston	pistón *m.*

VI. Percussion instruments — Instrumentos (*m.*) de percusión.

drum; kettledrum	tambor *m.*; timbal *m.*
tambourine	pandero *m.*
small tambourine	pandereta *f.*
bass drum	bombo *m.*
drumstick	palillo *m.*
cymbals	platillos *m. pl.*
cymbal	címbalo *m.*
xylophone	xilófono *m.*
vibraphone	vibráfono *m.*
castanets	castañuelas *f. pl.*

NUCLEAR ENERGY/ENERGÍA NUCLEAR

A bomb, atomic bomb	bomba *f.*) atómica
absorption	absorción *f.*
accelerate (to)	acelerar
accelerating chamber	cámara (*f.*) de aceleración
accelerator	acelerador *m.*
alpha rays	rayos (*m.*) alfa
anion	anión *m.*

antimatter	antimateria *f.*
antiparticle	antipartícula *f.*
antiproton	antiprotón *m.*
atom	átomo *m.*
atomic boiler	caldera (*f.*) atómica
atomic number	número (*m.*) atómico
atomic power	energía (*f.*) atómica
atomic weight	peso (*m.*) atómico
attraction	atracción *f.*
barium	bario *m.*
berkelium	berkelio *m.*
beryllium	berilio *m.*
betatron	betatrón *m.*
bevatron	bevatrón *m.*
binding energy	energía (*f.*) de enlace *or* de unión
blast wave	onda (*f.*) de choque
bombardment	bombardeo *m.*
boron	boro *m.*
breeder reactor	reactor (*m.*) reproductor
bubble chamber	cámara (*f.*) de burbujas
burst	explosión *f.*
cadmium	cadmio *m.*
caesium, cesium	cesio *m.*
capture	captura *f.* (of neutrons)
cation	catión *m.*
chain reaction	reacción (*f.*) en cadena
charge	carga *f.*
cladding	revestimiento *m.*
clean bomb	bomba (*f.*) limpia
cobalt	cobalto *m.*
collide (to)	chocar
collision	choque *m.*, colisión *f.*
contamination	contaminación *f.*
coolant	refrigerante *m.*
cooling	refrigeración *f.*
cooling fluid	fluido (*m.*) refrigerante
cooling pond	piscina (*f.*) de desactivación
core	núcleo *m.*
cosmic rays	rayos (*m.*) cósmicos
counter	contador *m.*
critical mass	masa (*f.*) crítica
curie	curie *m.* (unit)
curium	curio *m.* (element)
cyclotron	ciclotrón *m.*
decay (to)	desintegrarse
decontamination	descontaminación *f.*
deflagration	deflagración *f.*
detector	detector *m.*
deuterium	deuterio *m.*
deuteron	deuterón *m.*
diffusion	difusión *f.*
disintegration	desintegración *f.*
dispersion	dispersión *f.*
electrode	electrodo *m.*
electron	electrón *m.*
electron beam	haz (*m.*) de electrones
electron cloud	nube (*f.*) de electrones
electron gun	cañón (*m.*) electrónico
electronic shell	capa (*f.*) electrónica
electron volt	electronvoltio *m.*
element	elemento *m.*
emission	emisión *f.*
enriched uranium	uranio (*m.*) enriquecido
enrichment	enriquecimiento *m.*
explosion	explosión *f.*
fertile element	elemento (*m.*) fértil
fission	fisión *f.*
fissionable material	materia (*f.*) fisible
free electron	electrón (*m.*) libre
fusion	fusión *f.*
gamma rays	rayos (*m.*) gama
gram atom	átomo-gramo *m.*
graphite	grafito *m.*
half-life	periodo *m.*
H-bomb, hydrogen bomb	bomba (*f.*) H, bomba (*f.*) de hidrógeno

heat exchanger	intercambiador (*m.*) de calor
heavy water	agua (*f.*) pesada
helium	helio *m.*
heterogeneous reactor	reactor (*m.*) heterogéneo
homogeneous reactor	reactor (*m.*) homogéneo
instability	inestabilidad *f.*
ion	ión *m.*
ionization	ionización *f.*
irradiation	irradiación *f.*
isomer	isómero *m.*
isotope	isótopo *m.*
kiloton	kilotón *m.*
krypton	kriptón *m.*
labelled *o* tagged molecule	molécula (*f.*) marcada
leakage	fuga *f.* (of neutrons)
lifetime	vida *f.*
lithium	litio *m.*
mass	masa *f.*
megaton	megatón *m.*
meson	mesón *m.*
moderator	moderador *m.*
molecule	molécula *f.*
mushroom cloud	hongo (*m.*) atómico
neptunium	neptunio *m.*
neutron	neutrón *m.*
neutron flux	flujo (*m.*) de neutrones
nuclear physics	física (*f.*) nuclear
nuclear power plant *o* station	central (*f.*) nuclear
nuclear reactor	reactor (*m.*) nuclear
nuclear tests	pruebas (*f.*) nucleares
nucleon	nucleón *m.*
nucleus	núcleo *m.*
orbital *o* planetary electron	electrón (*m.*) planetario
particle	partícula *f.*
photon	fotón *m.*
pile	pila *f.*
plutonium	plutonio *m.*
positron	positrón *m.*, positón *m.*
power reactor	reactor (*m.*) generador de potencia
projectile	proyectil *m.*
proton	protón *m.*
quantum number	número (*m.*) cuántico
radiant energy	energía (*f.*) radiante
radiation	radiación *f.*
radioactive cloud	nube (*f.*) radiactiva
radioactive elements	radioelementos *m.*, elementos (*m.*) radiactivos
radioactive fallout	lluvia (*f.*) radiactiva
radioactive wastes	residuos (*m.*) *or* desechos (*m.*) radiactivos
radioactivity	radiactividad *f.*, radioactividad *f.*
radioisotope	radioisótopo *m.*
radiology	radiología *f.*
radiotherapy	radioterapia *f.*
radium	radio *m.*
radon	radón *m.*
rod	barra *f.*
roentgen	roentgen *m.*
scattering	dispersión *f.*
separation	separación *f.*
shield	protección *f.*, blindaje *m.*
shock wave	onda (*f.*) de choque
spectrometer	espectrómetro *m.*
spin	espín *m.*
split (to)	escindirse
stability	estabilidad *f.*
strontium	estroncio *m.*
synchrocyclotron	sincrociclotrón *m.*
synchrotron	sincrotrón *m.*
target	blanco *m.*
thermal neutron	neutrón (*m.*) térmico

thermal reactor	reactor (*m.*) térmico
thermionic	termoiónico, ca
thermonuclear	termonuclear
thorium	torio *m.*
tracer element	radioelemento (*m.*) trazador
trajectory	trayectoria *f.*
trinitrotoluene	trinitrotolueno *m.*
underwater test	prueba (*f.*) submarina
uranium	uranio *m.*
warhead	cabeza (*f.*) atómica
xenon	xenón *m.*

PHOTOGRAPHY/FOTOGRAFÍA

I. General terms — Términos (*m.*) generales.

photo, photograph	foto *f.*, fotografía *f.*
snapshot, snap	instantánea *f.*
photographer	fotógrafo *m.*
cameraman	operador *m.*
backlighting	contraluz *m.*
backlighting photography	fotografía (*f.*) a contraluz
luminosity	luminosidad *f.*
to load	cargar [la máquina]
focus	foco *m.*
to focus	enfocar
focusing	enfoque *m.*
focal length	distancia (*f.*) focal
depth of focus	produndidad (*f.*) de foco
exposure	exposición *f.*
time of exposure	tiempo (*m.*) de exposición
to frame	encuadrar
framing	encuadre *m.*
slide, transparency	diapositiva *f.*, transparencia *f.*
microfilm	microfilm *m.*
photocopy	fotocopia *f.*
photocopier	fotocopiadora *f.*
duplicate, copy	duplicado *m.*, copia *f.*
reproduction	reproducción *f.*
photogenic	fotogénico, ca
overexposure	sobreexposición *f.*
underexposure	subexposición *f.*
projector	proyector *m.*

II. Camera — Cámara, *f.*

still camera	cámara (*f.*) fotográfica, máquina (*f.*) de retratar *or* de fotografiar
cinecamera [U.S., movie camera]	cámara (*f.*) cinematográfica
television camera	cámara (*f.*) de televisión
box camera	máquina (*f.*) de cajón
folding camera	cámara (*f.*) de fuelle *or* plegable
lens	objetivo *m.*
aperture	abertura *f.* [del objetivo]
wide-angle lens	[objetivo *m.*] gran angular
diaphragm	diafragma *m.*
telephoto lens	teleobjetivo *m.*
eyepiece	ocular *m.*
filter	filtro *m.*
shutter	obturador *m.*
shutter release	disparador *m.*

viewfinder	visor *m.*
telemeter, range finder	telémetro *m.*
photometer, exposure meter	exposímetro *m.*
photoelectric cell	célula (*f.*) fotoeléctrica
mask	ocultador *m.*
sunshade	parasol *m.*
tripod	trípode *m.*
flash, flashlight	luz (*f.*) relámpago; flash *m.*
magazine	carga *f.*
cartridge	cartucho *m.*
spool	carrete *m.*, rollo *m.*
film	película *f.*
plate	placa *f.*
plateholder	chasis *m. inv.*
spotlight, floodlight	reflector *m.*, proyector *m.*, foco *m.*

III. Development — Revelado, *m.*

darkroom	cámara (*f*) oscura
to develop	revelar
developer	revelador *m.*
bath	baño *m.*
to fix	fijar
emulsion	emulsión *f.*
drying	secado *m.*
to enlarge	ampliar
enlargement	ampliación *f.*
enlarger	ampliadora *f.*
negative	negativo *m.*, cliché *m.*, clisé *m.*
positive	positivo *m.*
print	prueba *f.*, copia *f.*
format	formato *m.*
oblong photography	fotografía (*f.*) apaisada
image, picture	imagen *f.*
blurred image	imagen (*f.*) movida *or* borrosa
grain	grano *m.*
foreground	primer plano *m.*

See also CINEMATOGRAPHY

POLITICS/POLÍTICA

I. Types of government — Formas (*f.*) de gobierno.

monarchy; empire	monarquía *f.*; imperio *m.*
regency	regencia *f.*
princedom	principado *m.*
republic	república *f.*
directory	directorio *m.*
dictatorship	dictadura *f.*
tyranny; despotism	tiranía *f.*; despotismo *m.*
totalitarianism	totalitarismo *m.*
autonomy, self-government	autonomía *f.*
autocracy	autocracia *f.*
oligarchy	oligarquía *f.*
democracy	democracia *f.*
liberalism	liberalismo *m.*
demagogy	demagogia *f.*
parliamentary government *o* system	régimen (*m.*) parlamentario
absolute government	gobierno (*m.*) absoluto

centralism	centralismo *m.*
federal government	gobierno (*m.*) federal
federalism	federalismo *m.*
confederation	confederación *f.*
presidential government	presidencialismo *m.*
conservatism	conservadurismo *m.*
labourism [U.S., laborism]	laborismo *m.*
militarism	militarismo *m.*
anarchy	anarquía *f.*
anarchism	anarquismo *m.*
nationalism	nacionalismo *m.*
authoritarianism	autoritarismo *m.*
Fascism	fascismo *m.*
Socialism	socialismo *m.*
Communism; Marxism	comunismo *m.*; marxismo *m.*
Maoism	maoísmo *m.*
syndicalism	sindicalismo *m.*
protectorate	protectorado *m.*

II. Rulers — Gobernantes, *m.*

sovereign; monarch	soberano *m.*; monarca *m.*
emperor	emperador *m.*
czar, tsar	zar *m.*
king; queen	rey *m.*; reina *f.*
prince	príncipe *m.*
regent; co-regent	regente *m.*; corregente *m.*
viceroy	virrey *m.*
dictator; tyrant	dictador *m.*; tirano *m.*
sultan	sultán *m.*
chancellor	canciller *m.*
head of state	jefe (*m.*) de Estado
Prime Minister, premier	primer ministro *m.*
Lord (High) Chancellor	presidente (*m.*) de la Cámara de los Lores
Speaker	presidente (*m.*) de la Cámara de los Comunes [U.S., de la Cámara de Representantes]
leader	dirigente *m.* & *f.*
caudillo	caudillo *m.*
minister	ministro *m.*
minister without portfolio	ministro (*m.*) sin cartera
Home Secretary [U.S., Secretary of the Interior]	ministro (*m.*) de la Gobernación *or* del Interior
Foreign Secretary [U.S., Secretary of State]	ministro (*m.*) de Asuntos Exteriores *or* de Relaciones Exteriores
Chancellor of the Exchequer [U.S., Secretary of the Treasury]	ministro (*m.*) de Hacienda [*Amer.*, de Finanzas]
Defence Minister	ministro (*m.*) de la Defensa
Army Minister	ministro (*m.*) del Ejército
First Lord of the Admiralty [U.S., Secretary of the Navy]	ministro (*m.*) de Marina
Air Minister	ministro (*m.*) del Aire
Secretary of State for War	ministro (*m.*) de la Guerra
head of the Department of Justice [U.S., Attorney General]	ministro (*m.*) de [Gracia y] Justicia
Minister of Public Works	ministro (*m.*) de Obras Públicas
Secretary of State for Industry	ministro (*m.*) de Industria
President of the Board of Trade	ministro (*m.*) de Comercio
Minister of Education [U.S., Secretary of Education]	ministro (*m.*) de Educación Nacional *or* de Instrucción Pública

Minister of Labour [U.S., Secretary of Labor]	ministro (*m.*) de Trabajo
Secretary of State for Agriculture	ministro (*m.*) de Agricultura
director general	director (*m.*) general
undersecretary	subsecretario *m.*
military governor	gobernador (*m.*) militar
provincial governor	gobernador (*m.*) civil
mayor	alcalde *m.*
(town) councillor	concejal *m.*

III. Politicians — Hombres (*m.*) políticos.

politician	político *m.*, hombre (*m.*) político.
statesman	estadista *m.*, hombre (*m.*) de Estado
member of parliament [U.S., congressman]	parlamentario *m.*
member of the Cortes	procurador (*m.*) en Cortes
representative	miembro (*m.*) de la Cámara de Representantes
senator; peer	senador *m.*; par *m.*
substitute	suplente *m.*

IV. Institutions and laws — Instituciones (*f.*) y leyes, *f.*

State	Estado *m.*
executive	poder (*m.*) ejecutivo
cabinet	consejo (*m.*) de ministros, gabinete *m.*
ministry	ministerio *m.*
undersecretariat	subsecretaría *f.*
department	departamento *m.*; dirección (*f.*) general; ministerio *m.*
government	gobierno *m.*
judiciary	poder (*m.*) judicial
justice	justicia *f.*
legislature	poder (*m.*) legislativo
legislation	legislación *f.*
code; codification	código *m.*; codificación *f.*
constitution	constitución *f.*
constitutional rights	garantías (*f. pl.*) constitucionales
bill	proyecto (*m.*) de ley
law	ley *f.*
decree; decree-law	decreto *m.*; decreto (*m.*) ley
edict; rule	edicto *m.*; norma *f.*
provision	disposición *f.*
Cortes, Spanish parliament	Cortes *f. pl.*
Assembly; House	Asamblea *f.*; Cámara *f.*
House of Representatives	Cámara (*f.*) de Representantes
House of Lords	Cámara (*f.*) de los Lores
Upper House	Cámara (*f.*) alta
House of Commons	Cámara (*f.*) de los Comunes
Lower House	Cámara (*f.*) baja
Parliament; Senate	Parlamento *m.*; Senado *m.*
convention	convención *f.*
Congress	congreso *m.*
county council	ayuntamiento *m.*; municipio *m.*
front bench	banco (*m.*) azul
town *o* city council	ayuntamiento *m.*, alcaldía *f.*, casa (*f.*) consistorial, consistorio *m.*, concejo (*m.*) municipal.
municipal corporation	municipio *m.*

V. Parties and tendencies —Partidos (*m.*) y tendencias, *f.*

rightist	derechista
imperialist	imperialista
fascist	fascista
totalitarian	totalitario, ria
absolutist	absolutista
monarchist	monárquico, ca
royalist	realista
Conservative; Tory (in Great Britain)	conservador, ra
reactionary	reaccionario, ria
centralist	centralista
Democratic	demócrata
Liberal	liberal
reformist	reformista
progressive	progresista
moderate	moderado, da
radical	radical
federal; federalist	federal; federalista
secessionist	secesionista
separatist	separatista
regionalist	regionalista
leftist	izquierdista
Republican	republicano, na
extremist	extremista
revolutionary	revolucionario, ria
socialist	socialista
Labour [U.S., Labor]	laborista
Marxist	marxista
Communist	comunista
Maoist	maoísta
anarchist	anarquista
terrorist	terrorista
syndicalistic	sindicalista
Labour party	partido (*m.*) laborista, laboristas *m. pl.*
supporter, follower	partidario *m.*, adicto *m.*
adept	adepto *m.*
affiliate; member	afiliado *m.*; miembro *m.*
militant	militante *m.* & *f.*
trade union [U.S., labor union]	sindicato *m.*
spokesman	portavoz *m.* [*Amer.*, vocero *m.*]
chief whip	secretario (*m.*) general de un partido

VI. Political life — Vida (*f.*) política.

politics; policy	política *f.*
administration	administración *f.*
govern (to), rule (to)	gobernar; dirigir; regir
reason of state	razón (*f.*) de Estado
legislate (to)	legislar
lawgiver, legislator [U.S., lawmaker]	legislador *m.*
session of the legislature	legislatura *f.*
enact (to)	promulgar
abrogate (to)	abrogar
summon (to)	convocar [el Parlamento]
seat	escaño *m.*, banco *m.*
mandate; term of office	mandato *m.*
duties, functions	funciones *f.*
majority	mayoría *f.*
opposition	oposición *f.*
recess	vacaciones (*f. pl.*) parlamentarias
dissolution of Parliament	disolución (*f.*) del Parlamento

cabinet crisis	crisis (*f.*) ministerial
cabinet reshuffle	reorganización (*f.*) ministerial
dismiss (to); dismissal	destituir; destitución *f.*
resign (to); resignation	dimitir; dimisión *f.*
lobby	grupo (*m.*) de presión
referendum	referéndum *m.*
plebiscite	plebiscito *m.*
president-elect	presidente (*m.*) electo
Inauguration Day	investidura *f.*
impeachment	acusación *f.*
demonstration	manifestación *f.*
strike	huelga *f.*
subversion	subversión *f.*
sedition	sedición *f.*
rising, insurrection	levantamiento *m.*, insurrección *f.*
mutiny, riot	motín *m.*
rebellion, revolt	rebelión *f.*, revuelta *f.*
revolution	revolución *f.*
coup d'état	golpe (*m.*) de Estado

VII. Foreign Affairs — Asuntos (*m.*) exteriores.

embassy	embajada *f.*
ambassador	embajador *m.*
consulate; consul	consulado *m.*; cónsul *m.*
legation	legación *f.*
office of attaché	agregaduría *f.*
diplomatic attaché	agregado (*m.*) de embajada
cultural, commercial, military, naval attaché	agregado (*m.*) cultural, comercial, militar, naval
plenipotentiary	plenipotenciario *m.*
chancellory, chancellery	cancillería *f.*
passport	pasaporte *m.*
visa	visado *m.* [*Amer.*, visa *f.*]
credential letters, letter of credence, letters credential	cartas (*f.*) credenciales
extraterritoriality	extraterritorialidad *f.*
diplomat	diplomático *m.*
diplomatic bag *o* pouch	valija (*f.*) diplomática
negotiations	negociaciones *f.*
negotiator	negociador *m.*
mediator	mediador *m.*
convention	convenio *m.*
commitment	compromiso *m.*
bilateral agreement	acuerdo (*m.*) bilateral
treaty; covenant	tratado *m.*; pacto *m.*
protocol; chart	protocolo *m.*; carta *f.*
nonintervention treaty	tratado (*m.*) de no intervención
contracting parties	partes (*f.*) contratantes
neutrality	neutralidad *f.*
belligerence	beligerancia *f.*

VIII. Elections — Elecciones, *f.*

franchise, right to vote	derecho (*m.*) de voto
suffrage	sufragio *m.*
suffragist; suffragette	sufragista *m.*; sufragista *f.*
vote	votación *f.*; voto *m.*
vote (to); poll	votar; votación *f.*
constituency	distrito (*m.*) electoral
polling place *o* station	centro (*m.*) electoral
electoral college	colegio (*m.*) electoral
candidate	candidato *m.*
candidacy, candidature	candidatura *f.*
elegible	elegible

nominate (to)	presentar la candidatura de
to run for the office of	presentar su candidatura a
register	lista (*f.*) electoral
platform	plataforma *f.*, programa *m.*
electioneering, election campaign	campaña (*f.*) electoral
electoral meeting	reunión (*f.*) electoral
meeting, rally	mitin *m.*
opinion poll	sondeo (*m.*) de opinión
electorate, voters	electores *m. pl.*, votantes *m. pl.*
by-election	elección (*f.*) parcial
primary	elección (*f.*) primaria
voting by list	escrutinio (*m.*) de lista
vote by proxy	votación (*f.*) por poderes
vote by show of hands, by roll call	votación (*f.*) a mano alzada, nominal
first, second ballot	primera, segunda votación *f.*
secret ballot	votación (*f.*) secreta
casting vote	voto (*m.*) de calidad
quorum	quórum *m.*
absolute *o* simple, relative majority	mayoría (*f.*) absoluta, relativa
minority	minoría *f.*
vote of confidence	voto (*m.*) de confianza
vote of censure *o* of no confidence	voto (*m.*) de censura
ballot paper, voting slip *o* paper	papeleta (*f.*) de votación
blank, null and void *o* invalid ballot paper	voto (*m.*) en blanco, nulo
polling booth	cabina (*f.*) electoral
ballot box	urna *f.*
voting machine	máquina (*f.*) de votar
teller	escrutador *m.*
to count the votes	hacer el escrutinio *or* el recuento de votos
registered voters	inscritos *m.*
votes cast	votos (*m.*) *or* sufragios (*m.*) emitidos
no-voter	abstencionista *m.* y *f.*
abstention	abstención *f.*
tie, draw, equality of votes	empate *m.*, igualdad (*f.*) de votos
veto	veto *m.*
veto (to)	vetar

See also JURÍDICO and CONFERENCES

RADIO AND TELEVISION/RADIO Y TELEVISIÓN

I. General terms — Generalidades, *f.*

broadcast (to)	radiar, emitir (by radio), transmitir (by television)
broadcasting	radiodifusión *f.* (by radio), transmisión *f.*, difusión *f.* (by television)
broadcast	emisión *f.*
live broadcast	emisión (*f.*) en directo
rebroadcast	nueva transmisión
recorded broadcast *o* transmission	emisión (*f.*) diferida
broadcasting station, transmitter	emisora *f.*
aerial	antena *f.*
indoor aerial	antena (*f.*) interior

network	red *f.* (of stations), canal *m.*, cadena *f.* (channel)
wave length	longitud (*f.*) de onda
long, medium, short wave	onda (*f.*) larga, media, corta
kilocycle	kilociclo *m.*
recording studio	estudio (*m.*) de grabación
echo chamber	cámara (*f.*) de resonancia
sound recording	toma (*f.*) de sonido
sound technician *o* engineer	ingeniero (*m.*) de sonido
microphone	micrófono *m.*
earphones	auriculares *m.* [*Amer.*, audífonos *m.*]
loudspeaker	altavoz *m.* [*Amer.*, altoparlante *m.*]
tape recorder	magnetófono *m.* [*Amer.*, grabadora *f.*]
track	pista *f.*
recording, playback, erasing head	cabeza (*f.*) sonora, auditiva, supresora
turntable	plato *m.*
tone control	control (*m.*) de tonalidad
tuner, tuning knob	sintonizador *m.*, mando (*m.*) de sintonización
frequency modulation	frecuencia (*f.*) modulada, modulación (*f.*) de frecuencia
high fidelity, hi-fi	alta fidelidad *f.*
interference	parásitos *m. pl.*, interferencias *f. pl.*
valve [U.S., tube]	lámpara *f.*, válvula *f.*

II. Radio — Radio, *f.*

radio station	emisora *f.*
radio engineering, radiotechnology	radiotécnica *f.*
radiotechnologic, radiotechnological	radiotécnico, ca
radio engineer	radiotécnico *m.*, ingeniero (*m.*) radiotécnico
radio receiver, radio *o* receiving set, wireless	radiorreceptor *m.*, aparato (*m.*) receptor, receptor *m.*
radio transmission	radiotransmisión *f.*
radio transmitter	radiotransmisor *m.*
radio frequency	radiofrecuencia *f.*
dial	esfera *f.*, dial *m.* (disk), botón (*m.*) selector (knob)
dial (to), tune in (to)	sintonizar
signature tune	sintonía *f.*
listener	radioyente *m.* & *f.*

III. Television — Televisión, *f.*

televise (to)	televisar
telecast, television broadcasting	teledifusión *f.*
colour television	televisión (*f.*) en color
closed-circuit television	televisión (*f.*) en circuito cerrado
telecommunication satellite	satélite (*m.*) de telecomunicación
television set *o* receiver	receptor (*m.*) de televisión, televisor *m.*

screen	pantallá *f.*
the small screen	la pequeña pantalla
channel selector	selector (*m.*) de canal
definition	definición *f.*
cathode-ray tube	tubo (*m.*) de rayos catódicos
scan (to)	explorar
scanning	exploración *f.*
scanning beam	haz (*m.*) explorador
contrast	contraste *m.*
picture	imagen *f.*
test chart	carta (*f.*) de ajuste
framing	encuadre *m.*
televiewer, viewer	televidente *m.* & *f.*, telespectador, ra
television camera	cámara (*f.*) de televisión
cameraman	cámara *m.*, cameraman *m.*, operador (*m.*) de televisión
console	mesa (*f.*) de control
relay	repetidor *m.*, relé *m.*
relay station	estación (*f.*) repetidora
video	video *m*:
magnetoscope	magnetoscopio *m.*
kinescope	cinescopio *m.*

IV. Programme — Programa, *m.*

programme (to) [U. S., program (to)]	programar
programming [U. S., programing]	programación *f.*
programmer [U. S., programer]	programador, ra
live programme [U. S., live program]	emisión (*f.*) en directo
production	realización *f.*
produce (to)	realizar
producer	realizador, ra
announcer	locutor, ra
news bulletin, newscast	noticias *f. pl.*, noticiario *m.*, diario (*m.*) hablado (radio), telediario *m.* (television)
news flash	noticias (*f. pl.*) de última hora
newsroom	sala (*f.*) de redacción
interview (to)	entrevistar
interview	entrevista *f.*
interviewer	entrevistador, ra
radio play	emisión (*f.*) dramática
telefilm	telefilm *m.*
script	guión *m.*
shooting	rodaje *m.*, toma (*f.*) de vistas
shoot (to)	rodar
shot	plano *m.*
close shot	primer plano *m.*
dolly	travelín *m.*, plataforma (*f.*) rodante, travelling *m.*
set	decorado *m.*
set designer	decorador *m.*
lighting engineering	luminotecnia *f.*
lighting engineer	luminotécnico *m.*, ingeniero (*m.*) de luces
lighting effects	efectos (*m.*) luminosos
spotlight, spot	foco *m.*, proyector *m.*
rehearsal	ensayo *m.*
makeup girl	maquilladora *f.*
sound effects	efectos (*m.*) sonoros
background music	música (*f.*) de fondo
special effects	efectos (*m.*) especiales, trucajes *m.*

See also CINEMATOGRAPHY

RELIGION/RELIGIÓN

I. Religions — Religiones, *f.*

Christianity	cristianismo *m.*
Christendom	cristiandad *f.*
Catholicism	catolicismo *m.*
Protestantism	protestantismo *m.*
Reformation	reforma *f.*
Lutheranism	luteranismo *m.*
Calvinism	calvinismo *m.*
Anglicanism	anglicanismo *m.*
Anabaptism	anabaptismo *m.*
Methodism	metodismo *m.*
Puritanism	puritanismo *m.*
Quakerism	cuaquerismo *m.*
Judaism	judaísmo *m.*
Islamism	islamismo *m.*
Brahmanism, Brahminism	brahmanismo *m.*
Buddhism	budismo *m.*
paganism	paganismo *m.*
fetishism	fetichismo *m.*

II. Religious feeling — El sentimiento (*m.*) religioso.

faith	fe *f.*
worship, adoration	adoración *f.*
devotion, devoutness	devoción *f.*
piety	piedad *f.*
prayer	oración *f.*, plegaria *f.*
invocation	invocación *f.*, advocación *f.*
offering	ofrenda *f.*
fervour [U.S., fervor]	fervor *m.*
mysticism	misticismo *m.*
contemplation	contemplación *f.*
blessedness	bienaventuranza *f.*
ecstasy	éxtasis *m.*
temptation	tentación *f.*
blasphemy	blasfemia *f.*
sacrilege	sacrilegio *m.*
anathema	anatema *m.*
profanation	profanación *f.*
impiety	impiedad *f.*
lack of faith	incredulidad *f.*
atheism	ateísmo *m.*
conversion	conversión *f.*

III. The supernatural —El mundo (*m.*) sobrenatural.

God	Dios *m.*
The Saviour [U.S., The Savior]	el Salvador
The Holy Ghost, The Holy Spirit	el Espíritu Santo
angel	ángel *m.*
archangel	arcángel *m.*
cherubim, cherub	querubín *m.*
seraph	serafín *m.*
heavenly host	legiones (*f. pl.*) celestes
devil	diablo *m.*, demonio *m.*
the beyond	el más allá
paradise	paraíso *m.*
heaven	cielo *m.*
purgatory	purgatorio *m.*

hell	infierno *m.*
limbo	limbo *m.*
the elect	los elegidos *m. pl.*
the reprobate	los condenados *m. pl.*, los réprobos *m. pl.*
grace	gracia *f.*
soul	alma *f.*
vision	visión *f.*
apparition	aparición *f.*
mystery	misterio *m.*
miracle	milagro *m.*

IV. Sacred Books — Libros (*m.*) sagrados.

the Bible	la Biblia
the Old Testament	el Antiguo Testamento
the New Testament	el Nuevo Testamento
the Gospel	el Evangelio
the Talmud	el Talmud
the Koran	el Corán, el Alcorán

V. Clergy — Clero, *m.*

secular clergy	clero (*m.*) secular
regular clergy	clero (*m.*) regular
pope	papa *m.*
cardinal	cardenal *m.*
archbishop	arzobispo *m.*
bishop	obispo *m.*
canon	canónigo *m.*
priest	sacerdote *m.*
vicar; parish priest	cura *m.*; cura (*m.*) párroco
father	padre *m.*
vicar	vicario *m.*
monk	monje *m.*
nun	religiosa *f.*, monja *f.*
sister	hermana *f.*
protestant minister, pastor, clergyman	pastor *m.*
rabbi, rabbin	rabino *m.*
pope	pope *m.*
miter, mitre	mitra *f.*
crosier, crozier, staff	báculo (*m.*) pastoral
bishop's ring	anillo (*m.*) pastoral
chasuble	casulla *f.*
cape	capa *f.*
cassock	sotana *f.*

VI. Places of worhisp — Lugares (*m.*) del culto.

abbey	abadía *f.*
sanctuary	santuario *m.*
cathedral	catedral *f.*
church	iglesia *f.*
temple	templo *m.*
basilica	basílica *f.*
chapel	capilla *f.*
convent	convento *m.*
monastery	monasterio *m.*
cloister	claustro *m.*
hermitage	ermita *f.*
collegiate church	colegiata *f.*
nave	nave *f.*
transept	crucero *m.*
high altar	altar (*m.*) mayor
choir	coro *m.*
cross	cruz *f.*

monstrance	custodia *f.*, ostensorio *m.*
tabernacle	sagrario *m.*
ciborium, pyx	copón *m.*
chalice	cáliz *m.*
censer, thurible	incensario *m.*
font	pila (*f.*) bautismal
holy-water basin	pila (*f.*) de agua bendita
aspergillum	hisopo *m.*
pulpit	púlpito *m.*
stained glass window	vidriera *f.*
rose window	rosetón *m.*
fresco	fresco *m.*
icon	icono *m.*
synagogue	sinagoga *f.*
mosque	mezquita *f.*
pagoda	pagoda *f.*

VII. Sacraments — Sacramentos, *m.*

baptism, christening	bautismo *m.*
confession	confesión *f.*
Communion	comunión *f.*
confirmation	confirmación *f.*
order	orden *f.*
marriage	matrimonio *m.*
extreme unction	extremaunción *f.*

VIII. Offices, services — Oficios, *m.*

mass	misa *f.*
High Mass, sung mass	misa (*f.*) mayor *or* cantada
Low Mass	misa (*f.*) rezada
vespers	vísperas *f. pl.*
sermon	sermón *m.*, plática *f.*
psalm	salmo *m.*
litany	letanía *f.*
canticle	cántico *m.*
Via Crucis, Way of the Cross	Vía Crucis *m.*
procession	procesión *f.*
Rosary	rosario *m.*

SAILING/NAVEGACIÓN

aboard	a bordo
adrift (to be)	[ir] a la deriva
anchor (to)	anclar, echar anclas, fondear
anchorage	anclaje *m.*, fondeo *m.* (action), fondeadero *m.*, ancladero *m.* (place)
bail (to), bale (to)	achicar
beacon	baliza *f.*
binnacle	bitácora *f.*
bound for	con rumbo a
breakwater	rompeolas *m. inv.*, escollera *f.*
buoy	boya *f.*
cabotage	cabotaje *m.*
calk (to), caulk (to)	calafatear
call at a port (to)	hacer escala en un puerto
capsize (to)	hacer zozobrar (transitive), zozobrar (intransitive)
careen (to)	carenar

careen	carena *f.*
cargo	carga *f.*, cargamento *m.*
cast anchor (to)	echar anclas, fondear
charter (to)	fletar
coast (to)	costear (to follow the coast), hacer cabotaje (from port to port)
coastal traffic *o* trading	cabotaje *m.*
compass	compás *m.*, brújula *f.*
crew	tripulación *f.*
cruise	crucero *m.*
day's run	singladura *f.*
dead calm	calma (*f.*) chicha, bonanza *f.*
derelict	derrelicto *m.*, pecio *m.*
dike	dique *m.*
disembark (to)	desembarcar (people)
dismast (to)	desarbolar
distress signal	señal (*f.*) de socorro
dock	dársena *f.*
dockyard	astillero *m.* (shipbuilder's yard), arsenal *m.* (naval yard)
draught	calado *m.*
dredge (to)	dragar
dredge, dredger	draga *f.*
drop anchor (to)	echar anclas, anclar
dry dock	dique (*m.*) seco
embark (to)	embarcar (people)
fathom line	sonda *f.*
fleet	flota *f.*
floating dock	dique (*m.*) flotante
flotsam	pecios *m. pl.*
freight, freightage	flete *m.*
freight (to)	fletar
furl (to)	aferrar (the sails)
gale	vendaval *m.*
ground (to)	encallar, varar
harbour [U. S., harbor]	puerto *m.*
harbour entrance	boca (*f.*) del puerto
head wind	viento (*m.*) en contra
heave to (to)	ponerse al pairo, pairar
helmsman	timonel *m.*
hurricane	huracán *m.*
in full sail	a toda vela
jetsam	echazón *f.*, carga (*f.*) arrojada al mar
jettison	echazón *f.*
jetty	malecón *m.*, escollera *f.*, muelle *m.*
knot	nudo *m.*
land (to)	atracar, arribar
landing stage	desembarcadero *m.*
launch (to)	botar
launch, launching	botadura *f.*
lead	sonda *f.*, escandallo *m.*
leak	vía (*f.*) de agua
leeward	sotavento *m.*
lie at anchor (to)	estar anclado
lie to (to)	estar al pairo, pairar
life saving	salvamento *m.*
lighthouse	faro *m.*
list	escora *f.*
list (to)	escorar
loading dock	embarcadero *m.*
log, logbook, ship's log	cuaderno (*m.*) de bitácora, diario (*m.*) de a bordo
log line	cordel (*m.*) de la corredera
luff	orza *f.*
luff (to)	orzar
mate	piloto *m.*
mile	milla *f.*
mole	malecón *m.*
moor (to)	amarrar
moorage	amarre *m.*, amarradura *f.*
moorings	amarras *f.*
navigable	navegable
navigate (to)	navegar

navy	marina *f.*
oar	remo *m.*
outer port, outport	antepuerto *m.*
pier	malecón *m.*, rompeolas *m. inv.*, espigón *m.*
pilot	práctico *m.*, piloto *m.* (of the harbour), timonel *m.*, piloto *m.* (of a boat)
pitch (to)	cabecear
pitching, pitch	cabeceo *m.*
port	puerto *m.* (harbour), babor *m.* (direction)
port of call	puerto (*m.*) de escala
port of registry	puerto (*m.*) de matrícula
put in (to), put into port (to)	hacer escala
put off (to)	hacerse a la mar
quay	muelle *m.*
radar	radar *m.*
radio beacon	radiofaro *m.*
ride at anchor (to)	estar anclado *or* fondeado
riding lights	luces (*f.*) de posición
roadstead	rada *f.*
roll (to)	balancearse
rolling	balanceo *m.*
row (to)	remar
run aground (to)	encallar, embarrancarse
sail (to)	navegar
sailer	marinero *m.*, marino *m.*
set afloat (to)	poner a flote
set sail (to)	hacerse a la mar, zarpar (any boat), hacerse a la vela (sailing boat)
ship (to)	embarcar (to load), transportar (to transport)
shipbreaker	desguazador *m.*
ship broker	agente (*m.*) marítimo, consignatario (*m.*) de buques
shipowner	naviero *m.*, armador *m.*
shipway	grada *f.*
shipwreck	naufragio *m.*
shipyard	astillero *m.*
signal flare	bengala (*f.*) de señales
sink (to)	hundir, echar a pique (transitive), hundirse, irse a pique (intransitive)
slip, slipway	grada *f.*
sound (to)	sondear
sounding line	sonda *f.*
squall	borrasca *f.*
starboard	estribor *m.*
steer (to)	llevar el timón
storm	tempestad *f.*, temporal *m.*
stow (to)	estibar, arrumar
stowage	estiba *f.*, arrumaje *m.*
tack (to)	virar de bordo
take the helm (to)	tomar el timón
tonnage	tonelaje *m.*
tow (to), tug (to)	remolcar
towage	remolque *m.*
transship (to)	transbordar
unfurl (to)	desplegar (the sails)
unship (to)	desembarcar (goods)
veer (to)	virar
wake	estela *f.*
watch	guardia *f.*
weather (to)	doblar (a cape), capear (a storm)
weigh anchor (to)	levar anclas
wharf	muelle *m.*
wharfage	muellaje *m.*
windward	barlovento *m.*
wreck	naufragio *m.* (shipwreck), barco (*m.*) naufragado (wrecked ship)
wreckage	barco (*m.*) naufragado

See also BOATS

SPORTS/DEPORTES

I. General terms — Generalidades, *f.*

instructor	monitor *m.*
manager	manager *m.*
guide	guía *m.*
trainer	entrenador *m.*
referee; umpire (en tenis, béisbol)	árbitro *m.*
linesman; touch judge (rugby)	juez (*m.*) de línea
contestant, competitor	competidor, ra
form	forma *f.*
enthusiast, fan (entusiasta), amateur (que juega por afición)	aficionado, da
professional	profesional *m.* y *f.*
player	jugador, ra
favourite [U.S., favorite]	favorito *m.*
outsider	outsider *m.*
championship	campeonato *m.*
champion	campeón, ona
record	récord *m.*, plusmarca *f.*
record holder	recordman *m.*, plusmarquista *m.* y *f.*
ace	as *m.*
Olympic Games *pl.*, Olympics *pl.*	Juegos (*m. pl.*) Olímpicos, Olimpiada *f.*
Winter Olympics *pl.*	Olimpiada (*f.*) de invierno
stadium	estadio *m.*
track	pista *f.*
ring	ring *m.*, cuadrilátero *m.*
ground; field, pitch (de fútbol, rugby)	terreno *m.*, campo *m.* [*Amer.*, cancha *f.*]
court (de tenis)	campo *m.* [*Amer.*, cancha *f.*]
team, side	equipo *m.*

II. Athletics — Atletismo, *m.*

race	carrera *f.*
middle-distance race	carrera (*f.*) de medio fondo
long-distance runner	corredor (*m.*) de fondo
sprint [U.S., dash]	sprint *m.*
the 400 metre hurdles	los 400 metros vallas
marathon	maratón *m.*
decathlon	decatlón *m.*
cross-country race	carrera (*f.*) a campo traviesa, cross-country
jump (uno), jumping (actividad)	salto *m.*
high jump	salto (*m.*) de altura
long jump [U.S., broad jump]	salto (*m.*) de longitud
triple jump, hop step and jump	triple salto *m.*
pole vault	salto (*m.*) con pértiga [*Amer.*, salto con garrocha]
throw (uno), throwing (actividad)	lanzamiento *m.*
putting the shot, shot put	lanzamiento (*m.*) de peso

throwing the discus, the hammer, the javelin	lanzamiento (*m.*) de disco, de martillo, de jabalina
walk	marcha *f.* [*Amer.* caminata *f.*

III. Individual sports — Deportes (*m.*) individuales.

gymnastics	gimnasia *f.*
gymnastic apparatus *sing.*	aparatos (*m. pl.*) de gimnasia
horizontal bar	barra (*f.*) fija
parallel bars	(barras) paralelas *f. pl.*
rings	anillas *f. pl.*
trapeze	trapecio *m.*
knotted rope	cuerda (*f.*) de nudos
wall bars	espalderas *f. pl.*
side *o* pommelled horse	potro (*m.*) con arzón
weight-lifting	halterofilia *f.*
weights	pesas *f. pl.*, halteras *f. pl.*
boxing	boxeo *m.*
heavyweight	peso (*m.*) pesado
middleweight	peso (*m.*) medio
bantamweight	peso (*m.*) gallo
flyweight	peso (*m.*) mosca
Graeco-Roman wrestling	lucha (*f.*) grecorromana
hold, lock	llave *f.*
judo	judo *m.*
fencing	esgrima *f.*
winter sports	deportes (*m. pl.*) de invierno
skiing (actividad), ski (plancha)	esquí *m.*
downhill race	carrera (*f.*) de descenso
slalom	slalom *m.*, habilidad *f.*
ski jumping competition	concurso (*m.*) de saltos
ski jump	trampolín *m.*
ice skating	patinaje (*m.*) sobre hielo
figure skating	patinaje (*m.*) artístico
roller skating	patinaje (*m.*) sobre ruedas
bobsleigh, bobsled	bobsleigh *m.*
ice hockey	hockey (*m.*) sobre hielo

IV. Games and competitions — Juegos (*m.*) y competiciones, *f.*

football	fútbol *m.*
to score a goal	marcar un gol
goalkeeper	portero *m.*
football	balón (*m.*) de fútbol
centre, goal kick	saque (*m.*) de centro, de puerta
throw in	saque (*m.*) de banda
rugby	rugby *m.*
to convert a try	transformar un ensayo
line-out	saque (*m.*) de banda
cricket	criquet, *m*, cricquet *m*, cricket *m.*
baseball	béisbol *m.*
batsman (criquet), batter (béisbol)	bateador *m.*
basketball	baloncesto *m.* [*Amer.*, basket-ball *m.*]
volleyball	balonvolea *m.* [*Amer.*, voleibol *m.*]
handball	balonmano *m.* [*Amer.*, hand ball *m*].

hockey	hockey *m.*
golf	golf *m.*
tennis	tenis *m.*
men's singles	simple (*m.*) caballeros
in the mixed doubles	en los dobles mixtos

V. Water sports — Deportes (*m.*) acuáticos.

swimming pool	piscina *f.* [*Amer.*, pileta *f.*]
swimming	natación *f.*
freestyle	estilo (*m.*) libre
medley relay	relevo (*m.*) estilos
crawl	crawl *m.*
breaststroke	braza *f.*
backstroke	estilo (*m.*) espalda
butterfly [stroke]	estilo (*m.*) mariposa
diving competition	concurso (*m.*) de saltos
water polo	water-polo *m.*, polo (*m.*) acuático
water skiing	esquí (*m.*) náutico
rowing (deporte)	el remo *m.*
kayak	kayac *m.*
canoe	canoa *f.*
outboard boat	fuera borda *m.*
boat race (carrera)	regata *f.*
sailing	deporte (*m.*) de vela
yacht	yate *m.*

VI. Bicycle, motorcycle, car — Bicicleta, *f.*, moto, *f.*, auto, *m.*

velodrome, cycling stadium	velódromo *m.*
road race	carrera (*f.*) en carretera
race	carrera (*f.*) de velocidad
chase	carrera (*f.*) de persecución
motorcycle, motorbike	motocicleta *f.*, moto *f.*
racing car	coche (*m.*) de carreras
racing driver	piloto (*m.*) de carreras
rally	rallye *m.*

VII. Riding and horse racing — Hipismo, *m.*

riding	equitación *f.*
racecourse, racetrack	hipódromo *m.*
jockey; rider	jockey *m.*; jinete *m.*
show jumping competition	concurso (*m.*) de saltos
steeplechase	carrera (*f.*) de obstáculos
fence	valla *f.*
polo	polo *m.*
trotter	trotón *m.*

TELECOMMUNICATIONS/TELECOMUNICACION

I. Post office, *sing* — Correos, *m. pl.*

post office	oficina (*f.*) de correos
sub-post office [U.S., branch post office]	estafeta (*f.*) de correos
window	ventanilla *f.*
post-office box	apartado (*m.*) de correos
poste restante [U.S., General Delivery]	lista (*f.*) de correos
pigeonholes *pl.*	casillero *m.*
letter-scales *pl.*	pesacartas *m. inv.*
mailbag	saca (*f.*) postal
sorting table	mesa (*f.*) de batalla
mail sorter	clasificador (*m.*) de cartas
letter box [U.S., mailbox]	buzón *m.*
postman [U.S., mailman]	cartero *m.*
sorting office	cartería *f.*, sala (*f.*) de batalla
collection	recogida (*f.*) de cartas
delivery	reparto (*m.*) del correo
air mail, airmail	correo (*m.*) aéreo
[by] air mail	por avión
parcel	paquete (*m.*) postal [*Amer.*, encomienda *f.*]
diplomatic pouch, diplomatic bag	valija (*f.*) diplomática
cash on delivery	envío (*m.*) contra reembolso
express *o* special delivery letter	carta (*f.*) urgente
registered letter	carta (*f.*) certificada
covering letter	carta (*f.*) adjunta
to register	certificar
to post a letter	echar una carta
writing paper	papel (*m.*) de escribir
correspondence	correspondencia *f.*
to deal with the mail	despachar la correspondencia
exchange of letters	carteo *m.*
acknowledgement of receipt	acuse (*m.*) de recibo
by return of post	a vuelta de correo
envelope	sobre *m.*
addressee (de carta), consignee (de paquete), payee (de giro)	destinatario *m.*
sender	remitente *m.* y *f.*
address	dirección *f.*
postal district	distrito (*m.*) postal
local	interior
reference	referencia *f.*
letterhead	membrete *m.*
heading	encabezamiento *m.*
date; date stamp	fecha *f.*; fechador *m.*
postscript	postdata *f.*, posdata *f.*, post scriptum *m. inv.*
please forward	se ruega la reexpedición, remítase al destinatario *or* a las nuevas señas
postcard	tarjeta (*f.*) postal
circular [letter]	circular *f.*
printed matter *sing.*	impresos *m. pl.*
money *o* postal order	giro (*m.*) postal
telegraphic money order	giro (*m.*) telegráfico
stamp	sello *m.* [*Amer.*, estampilla *f.*]
franking, stamping	franqueo *m.*
postage paid	franqueo (*m.*) concertado
exemption from postal charges	franquicia (*m.*) postal
postmark	matasellos *m. inv.*
extra postage	sobretasa *f.*

II. Telegraphy — Telegrafía, *f.*

telegraph	telégrafo *m.*
telegraph office	telégrafos *m. pl.*, oficina (*f.*) central de telégrafos
Morse code	telégrafo (*m.*) Morse
dot; dash	punto *m.*; raya *f.*
wireless telegraphy	telegrafía (*f*) sin hilos
telegraphic address	código (*m.*) telegráfico
receiver	receptor *m.*
telegraph key	manipulador *m.*
teleprinter, teletype, teletypewriter	teleimpresor *m.*, teletipo *m.*
telegraphy	telegrafía *f.*
to telegraph, to wire	telegrafiar
telegrapher, telegraph operator, telegraphist	telegrafista *m.* y *f.*
radiotelegraphy, wireless	radiotelegrafía *f.*
to radiotelegraph, to wireless	radiotelegrafiar
wireless operator	radiotelegrafista *m.* y *f.*
telegram, wire (fam.)	telegrama *m.*
to send a telegram	poner *or* enviar un telegrama
coded telegram, telegram in code	telegrama (*m.*) cifrado
reply paid	respuesta (*f.*) pagada
telex	télex *m.*
cable, cablegram	cable *m.*, cablegrama *m.*
to cable, to send a cable	cablegrafiar
satellite communications	comunicaciones (*f. pl.*) vía satélite

III. Telephones — Teléfonos, *m.*

telephone exchange	central (*f.*) telefónica
telephone, phone	teléfono *m.*
manual telephone	teléfono (*m.*) manual
automatic telephone	teléfono (*m.*) automático
telephone, phone	aparato *m.*
combined set	microteléfono *m.*
interphone	teléfono (*m.*) interior
receiver	receptor *m.*
earpiece, receiver	auricular *m.*
dial	disco (*m.*) selector *or* de llamada
hook	horquilla *f.*
hammer	macillo *m.*, martillo *m.*
switch	interruptor *m.*
plug	clavija *f.*
counter, meter	contador *m.*
circuit	circuito *m.*
frequency	frecuencia *f.*
connection, connexion	conexión *f.*
disconnection, disconnexion	desconexión *f.*
selector	selector *m.*
switchboard	tablero (*m.*) de conexión
telephone network	red (*f.*) de teléfonos
switchboard	centralita (*f.*) de teléfonos
extension	extensión *f.*
line; cable	línea *f.*; cable *m.*
telephone operator	telefonista *m.* y *f.*
operator	operadora *f.*
token	ficha (*f.*) de teléfono
telephone box *o* kiosk [U.S., telephone booth]	cabina (*f.*) *or* locutorio (*m.*) de teléfonos
telephone subscriber	abonado (*m.*) de teléfonos
telephone call, ring	llamada (*f.*) telefónica, telefonazo *m.*

long-distance call, trunk call	conferencia (*f.*) interurbana
local call	conferencia (*f.*) urbana
reverse-charge call [U.S., collect telephone call]	conferencia (*f.*) con cobro revertido
directory inquiries	informaciones *f. pl.*
to dial a number	marcar un número
area code, code number	prefijo *m.*, código (*m.*) territorial
ring	timbre (*m.*) de llamada
dialling tone	señal (*f.*) para marcar
engaged tone	señal (*f.*) de comunicando
it's engaged	está comunicando
to telephone, to call [up], to ring up	llamar por teléfono, telefonear
to lift *o* to pick up the telephone	descolgar el teléfono
hello!	¡oiga!, ¡dígame!
you're through	¡hable!
speaking!	¡al habla!
could you put me through to...	quisiera hablar con...
who is speaking?	¿con quién hablo?
Mr. Pérez speaking	el Sr. Pérez al aparato
who is calling?	¿de parte de quién?
please hold on	no se retire
to hang up	colgar el teléfono
telephone directory *o* book	guía (*f.*) de teléfonos, anuario (*m.*) telefónico, listín (*m.*) de teléfonos
telephony	telefonía *f.*
telephoned telegram	telefonema *m.*

TOOLS/HERRAMIENTAS

I. Carpenter's tools — Herramientas (*f.*) de carpintero.

toolbox	caja (*f.*) de herramientas
bench	banco *m.*
vice [U.S., vise], clamp	torno (*m.*) *or* tornillo (*m.*) de banco
clamp	cárcel *f.*, mordaza *f.*
saw	sierra *f.*
bow saw	sierra (*f.*) de arco
circular saw [U.S., buzz saw]	sierra (*f.*) circular
compass *o* scroll saw	sierra (*f.*) de contornear
fretsaw	segueta *f.*, sierra (*f.*) de calar
handsaw, saw	serrucho *m.*
chisel	cincel *m.*, escoplo *m.*, bedano *m.*, formón *m.*
cold chisel; burin	cortafrío *m.*; buril *m.*
gouge	gubia *f.*
firmer gouge	formón (*m.*) de mediacaña
plane	cepillo *m.*
moulding plane	cepillo (*m.*) bocel
jack plane	garlopa *f.*
rabbet plane	guillame *m.*
drawknife	plana *f.*
scraper	raedera *f.*
rasp	escofina *f.*
file	lima *f.*
square	escuadra *f.*
miter	inglete *m.*
scriber	punta (*f.*) de trazar
set square, triangle	cartabón *m.*
brace	berbiquí *m.*
hand drill	taladradora (*f.*) de mano
drill, bit (sin mango),	barrena *f.*, taladro *m.*

gimlet, auger (con mango)	barrena *f.*, taladro *m.*
drill, bit	broca *f.*
countersink	avellanador *m.*
gauge, marking gauge	gramil *m.*
hammer	martillo *m.*
mallet	mazo *m.*
nail	clavo *m.*
brad	puntilla *f.*
tack, stud	tachuela *f.*
screw	tornillo *m.*
screwdriver	destornillador *m.*
screw tap	macho (*m.*) de aterrajar
nail puller	sacaclavos *m. inv.*
ruler (regla), tape measure (cinta).	metro *m.*
folding ruler	metro (*m.*) plegable
sandpaper, emery paper	papel (*m.*) de lija *or* esmerilado

II. Mechanic's tools — Herramientas (*f.*) de mecánico.

spanner [U.S., wrench]	llave *f.*
double-ended spanner	llave (*f.*) plana de doble boca
adjustable spanner, monkey wrench	llave (*f.*) inglesa
box spanner [U.S., socket wrench]	llave (*f.*) de tubo
calipers *pl.*	pie (m.) de rey
pincers, tongs	tenazas *f. pl.*
shears	cizallas *f. pl.*
wire cutters *pl.*	cortaalambres *m. inv.*
multipurpose *o* universal pliers	alicates (*m. pl.*) universales
adjustable pliers	alicates (*m. pl.*) de boca graduable
punch	punzón *m.*, sacabocados *m. inv.*
drill	broca *f.*, trépano *m.*
chuck	mandril *m.*
scraper	raspador *m.*
reamer	escariador *m.*
calliper gauge	calibrador (*m.*) de mordazas
hacksaw	sierra (*f.*) de metales
rivet	remache *m.*, roblón *m.*
nut	tuerca *f.*
locknut	contratuerca *f.*
bolt	perno *m.*
pin, peg, dowel	clavija *f.*
washer	arandela *f.*
staple	grapa *f.*
grease gun	bomba (*f.*) de engrase, engrasadora *f.*
oil can	aceitera *f.*
jack	gato *m.*

III. Gardening tools — Herramientas (*f.*) de jardinería.

spade; fork	laya *f.*; laya (*f.*) de dientes
shovel	pala *f.*
fork	horca *f.*, horquilla *f.*
rake	rastrillo *m.*
roller	rodillo *m.*
dibble	plantador *m.*
wheelbarrow	carretilla *f.*
watering can	regadera *f.*
garden hose, hosepipe	manguera *f.*
lawnmower	cortacéspedes *m. inv.*

shears, garden shears	tijeras *f. pl.*
pruning shears *pl.* (tijeras), pruning knife (cuchillo).	podadera *f.*
sickle	hoz *f.*
scythe	guadaña *f.*
trowel	desplantador *m.*
weeding hoe	almocafre *m.*, escardillo *m.*, escardadera *f.*
hoe	azada *f.*, azadón *m.*, binador *m.*
seed drill	sembradora *f.*

IV. Decorator's tools —Herramientas (*f.*) de decorador.

stepladder	escalera *f.*
trestle	caballete *m.*
trowel	paleta *f.*, palustre *m.*
float	llana *f.*
spatula	espátula *f.*
bucket, pail	cubo *m.*
brush (en general), paintbrush, brush (para pintar)	brocha *f.*
roller	rodillo *m.*
scissors	tijeras *f. pl.*

V. Other tools — Otras herramientas, *f.*

penknife	navaja *f.*
glass cutter	cortavidrio *m.*, diamante *m.*, grujidor *m.*
plumb line	plomada *f.*
spirit level	nivel (*m.*) de agua
pickaxe [U.S., pickax]	piocha *f.*, piqueta *f.*
the axe [U.S., the ax]	el hacha *f.*
sledgehammer	almádena *f.*, almádana *f.*
bushhammer	escoda *f.*
rammer	pisón *m.*
anvil	yunque *m.*
beakiron, bickiron, two-beaked anvil	bigornia *f.*
bellows *pl.* & *sing.*	fuelle *m.*
awl	lezna *f.*
beam compass, trammel	compás (*m.*) de vara
lever	palanca *f.*
tyre lever	desmontable (*m.*) para neumáticos
crank	cigüeñal *m.*
soldering iron	soldador *m.*
blowlamp [U.S., blowtorch]	soplete *m.*
die	troquel *m.*
diestock	terraja *f.*
machine tools	máquinas (*f. pl.*) herramientas
lathe	torno *m.*
turret lathe	torno (*m.*) revólver
milling cutter	fresa *f.*
milling machine	fresadora *f.*
electric *o* power drill	taladradora (*f.*) eléctrica
grinder, crusher	trituradora *f.*
riveter	remachadora *f.*
rolling mill	laminadora *f.*
press	prensa *f.*
drop hammer	pilón *m.*
pile hammer, drop hammer	martillo (*m.*) pilón
air hammer, pneumatic hammer	martillo (*m.*) neumático
pile hammer	martinete *m.*

TOWN/CIUDAD

I. General terms — Términos (*m.*) generales.

centre of population	población *f.*, poblado *m.*
city	ciudad *f.*
urban	urbano, na
village	pueblo *m.* (large), aldea *f.* (small)
locality	localidad *f.*
capital	capital *f.*
metropolis	metrópoli *f.*, urbe *f.*
hamlet	caserío *m.*
hole, dump	poblacho *m.*
municipality	municipio *m.*
municipal	municipal
district	distrito *m.* (administrative), barrio *m.*
residential area	zona (*f.*) residencial
Chinese quarter	barrio (*m.*) chino
centre [U. S., center]	centro *m.*
shopping centre	centro (*m.*) comercial
extension	ensanche *m.*
suburb	suburbio *m.*, arrabal *m.*
slums	tugurios *m.*
shantytown	barrio (*m.*) de las latas [*Amer.*, villa (*f.*) miseria]
outskirts	afueras *f.*, cercanías *f.*, alrededores *m.*
house	casa *f.*
building	edificio *m.*
skyscraper	rascacielos *m. inv.*
flat	piso *m.*
shop, store	tienda *f.*
department stores	grandes almacenes *m.*
bazar, bazaar	bazar *m.*
junk shop	baratillo *m.*
newsstand	puesto (*m.*) de periódicos
market	mercado *m.*
Commodity Exchange	lonja *f.*
Stock Exchange	bolsa *f.*
town hall	ayuntamiento *m.*, casa (*f.*) consistorial
Lawcourt	Palacio (*m.*) de Justicia
church	iglesia *f.*
cathedral	catedral *f.*
chapel	capilla *f.*
cemetery	cementerio *m.*
grave, tomb	tumba *f.*
school	colegio *m.*, escuela *f.*
university	universidad *f.*
library	biblioteca *f.*
theatre [U. S., theater]	teatro *m.*
museum	museo *m.*
zoological garden	parque (*m.*) zoológico
fairground, fun fair	parque (*m.*) de atracciones
stadium	estadio *m.*
general post office	casa (*f.*) de correos
station	estación *f.*
barracks	cuartel *m. sing.*

II. Streets — Calles, *f.*

road	calle *f.*, carretera *f.*
public thoroughfare	vía (*f.*) pública
high street	calle (*f.*) mayor
avenue	avenida *f.*
boulevard	bulevar *m.*
walk, promenade	paseo *m.*

ring road	camino (*m.*) *or* carretera (*f.*) de circunvalación
alley	callejuela *f.*, callejón *m.*
blind alley, cul-de-sac	callejón (*m.*) sin salida
passageway, alleyway	pasaje *m.*
one-way street	calle (*f.*) de dirección única
intersection	cruce *m.*
corner	esquina *f.*
block	manzana *f.* [*Amer.*, cuadra *f.*]
roadway	calzada *f.*
asphalt	asfalto *m.*
paving	pavimento *m.*
paving stone	adoquín *m.*
pavement[U. S., sidewalk]	acera *f.* [*Amer.*, vereda *f.*]
kerb [U. S., curb]	bordillo *m.*
gutter	cuneta *f.*
sewer	alcantarilla *f.*
hydrant	boca (*f.*) de riego
pedestrian crossing [U. S., crosswalk]	paso (*m.*) de peatones
island	isleta *f.*, refugio *m.*
arcade	soportales *m. pl.*
square	plaza *f.*
main square	plaza (*f.*) mayor
pond	estanque *m.*
fountain	fuente *f.*, surtidor *m.*
park, gardens	parque *m.*, jardines *m.*

III. Population — Población, *f.*

demography	demografía *f.*
natality, birthrate	natalidad *f.*
mortality, deathrate	mortalidad *f.*
inhabitants	habitantes *m.*
townsman	habitante (*m.*) de una ciudad, ciudadano *m.*
villager	aldeano, na
citizen	ciudadano, na
fellow countryman	paisano *m.*
resident	residente *m.* & *f.*
tenant	inquilino, na
tourist	turista *m.* & *f.*
neighbour [U.S.,neighbor]	vecino, na
neighbourhood [U. S., neighborhood]	vecindario *m.*
vagrant, tramp	vagabundo *m.*
beggar	mendigo *m.*, pordiosero *m.*

IV. Town services — Servicios (*m.*) de una ciudad.

local government	administración (*f.*) municipal
mayor	alcalde *m.*
town council	concejo (*m.*) municipal
town councillor	concejal *m.*
cleaning	limpieza *f.*
sweeping	barrido *m.*
sweeper	barrendero *m.* (man)
road sweeper	barredora *f.* (machine)
dustbin [U. S., trash can, garbage can]	cubo (*m.*) de la basura
dustman [U. S., garbage collector]	basurero *m.*
lighting	alumbrado *m.*
streetlight, streetlamp	farol *m.*
water supply	abastecimiento (*m.*) de aguas

night watchman	sereno *m.*
urban police	policía (*f.*) urbana
policeman	guardia (*m.*) municipal, policía *m.*
traffic policeman	agente (*m.*) de policía, guardia (*m.*) de tráfico
police station	comisaría (*f.*) de policía
police inspector	comisario (*m.*) de policía
fireman	bombero *m.*
fire station	parque (*m.*) de bomberos
fire engine	coche (*m.*) de bomberos
hospital	hospital *m.*
mental hospital, mental asylum	manicomio *m.*
first-aid station	puesto (*m.*) de socorro
old people's home	asilo (*m.*) de ancianos
foundling home	inclusa *f.*
orphanage	orfanato *m.*
undertaker's	funeraria *f.*

V. Means of transport — Medios (*m.*) de transporte.

bus	autobús *m.*
double decker bus	autobús (*m.*) de dos pisos
coach, motor coach [U. S., bus]	autocar *m.*
taxi, taxicab	taxi *m.*
trolleybus	trolebús *m.*
tramcar, streetcar	tranvía *m.*
underground, tube [U. S., subway]	metro *m.* [*Amer.*, subterráneo *m.*]
stop	parada *f.*
request stop	parada (*f.*) discrecional
taxi rank *o* stand	parada (*f.*) de taxis
driver	conductor *m.*
taxi driver, cab driver	taxista *m.* & *f.*
conductor	cobrador *m.*, revisor *m.*
inspector	inspector *m.*
ride	carrera *f.*
minimum fare (of a taxi)	bajada (*f.*) de bandera

TRAVEL/VIAJES

I. General terms — Generalidades, *f.*

journey, trip	viaje *m.*
business trip	viaje (*m.*) de negocios
holiday	viaje (*m.*) de turismo
pleasure trip	viaje (*m.*) de recreo
organized tour	viaje (*m.*) organizado
circular tour	viaje (*m.*) circular
package tour, inclusive tour	viaje (*m.*) todo comprendido
outward journey	viaje (*m.*) de ida
return journey, round trip	viaje (*m.*) de ida y vuelta
trip, excursion, outing	excursión *f.*
tour; expedition	gira *f.*; expedición *f.*
tourism	turismo *m.*
hitchhiking, hitching	autostop *m.*
itinerary	itinerario *m.*
itinerary, route	trayecto *m.*, recorrido *m.*
route	ruta *f.*
stopover; stage	escala *f.*; etapa *f.*
departure at 10 a.m.	salida (*f.*) a las 10
arrival at 12 p.m.	llegada (*f.*) a las 24

stay	estancia *f.* [*Amer.*, estadía *f.*]
return	regreso *m.*, vuelta *f.*
embarkation, embarcation	embarco *m.*
disembarkation	desembarco *m.*
delay	retraso *m.*
travel agency	agencia (*f.*) de viajes
airline company	compañía (*f.*) aérea
traveller's cheque	cheque (*m.*) de viaje
ticket	billete [*Amer.*, boleto *m.*]
single ticket	billete (*m.*) de ida
return ticket [U.S., round-trip ticket]	billete (*m.*) de ida y vuelta [*Amer.*, de ida y llamada]
round-trip ticket	billete (*m.*) circular
fare	precio (*m.*) del billete
half [fare], half-price ticket	medio billete *m.*
passage (precio, billete), passengers *pl.* (pasajeros)	pasaje *m.*
passport	pasaporte *m.*
visa	visado *m.* [*Amer.*, visa *f.*]
papers *pl.*	documentación *f.*
identity card	tarjeta (*f.*) de identidad
safe-conduct, pass	salvoconducto *m.*
customs *pl.*	aduana *f.*
traveller [U.S., traveler]	viajero *m.*, viajante *m.* y *f.*
passenger	pasajero *m.*
commercial traveller [U.S., traveling salesman]	viajante (*m.*) de comercio
excursionist, tripper; hiker (a pie)	excursionista *m.* y *f.*
tourist	turista *m.* y *f.*
stowaway	polizón *m.*

II. Luggage — Equipaje, *m.*

hand luggage	equipaje (*m.*) de mano
excess baggage	exceso (*m.*) de equipaje
suitcase	maleta *f.* [*Amer.*, valija *f.*]
small suitcase, valise	maletín *m.*
trunk	baúl *m.*
Saratoga trunk	mundo *m.*
travelling bag	bolsa (*f.*) de viaje
parcel; parcel, package	paquete *m.*; bulto *m.*
hatbox	sombrerera *f.*
rucksack, pack, knapsack	mochila *f.*
knapsack, haversack	macuto *m.*

III. Means of transport — Medios (*m.*) de transporte.

railway [U.S., railroad]	ferrocarril *m.*
train	tren *m.*
railway system *o* network	red (*f.*) ferroviaria
express train	exprés *m.*, expreso *m.*, tren (*m.*) expreso
fast train	tren (*m.*) rápido, rápido *m.*
through train	tren (*m.*) directo
stopping *o* slow train	tren (*m.*) ómnibus
excursion train	tren (*m.*) botijo *or* de recreo
commuter *o* suburban train	tren (*m.*) de cercanías
railcar	autovía *f.*, ferrobús *m.*
coach, carriage	coche *m.*, vagón *m.*
sleeping car, sleeper	coche (*m.*) cama
dining *o* restaurant *o* luncheon car	coche (*m.*) comedor, coche (*m.*) restaurante
sleeper with couchettes	coche (*m.*) litera
berth, bunk	litera *f.*

compartment	departamento *m.*, compartimiento *m.*
station	estación *f.*
booking *o* ticket office	taquilla *f.*
platform; track	andén *m.*; vía *f.*
buffet	fonda *f.*
waiting room	sala (*f.*) de espera
left-luggage office [U.S., checkroom]	consigna *f.*
registration	facturación *f.*
timetable	horario *m.*
change, transfer	transbordo *m.*
connection	enlace *m.*, empalme *m.*
ticket inspector	revisor *m.*
boat, ship	barco *m.*
[passenger] liner	barco (*m.*) de pasajeros
sailing boat *o* ship	barco (*m.*) de velas, velero *m.*
yacht	yate *m.*
[ocean] liner	transatlántico *m.*
packet boat	paquebote *m.* [*Amer.*, paquete *m.*]
cabin	camarote *m.*
crossing	travesía *f.*
cruise	crucero *m.*
plane, aeroplane [U.S., airplane], aircraft	avión *m.*
jet, supersonic plane	avión (*m.*) de reacción, supersónico
airliner, passenger aircraft	avión (*m.*) de pasajeros *or* de línea
medium-haul aircraft	avión (*m.*) de distancias medias *or* continental
long-range *o* long-haul aircraft	avión (*m.*) de larga distancia *or* transcontinental
by air, by plane	por avión
airline	línea (*f.*) aérea
passenger cabin	cabina (*f.*) de pasajeros
tourist class	clase (*f.*) turista
first class	primera clase *f.*
airport; air terminal	aeropuerto *m.*; terminal *f.*
air hostess, stewardess	azafata *f.*
steward	auxiliar (*m.*) de vuelo
waiting list	lista (*f.*) de espera
customs formalities *pl.*	paso (*m.*) de la aduana
non-stop flight	vuelo (*m.*) directo
to	con destino a
[coming] from	procedente de
in transit	en tránsito
takeoff; landing	despegue *m.*; aterrizaje *m.*
air pocket	bache *m.*

IV. Accommodation — Alojamiento, *m.*

hotel; motel	hotel *m.*; motel *m.*
luxury hotel	hotel (*m.*) de lujo
State-run hotel	parador *m.*
residential hotel	residencia *f.*
hostelry, inn	hostal *m.*, hostería *f.*, posada *f.*
hostel	albergue *m.*
boardinghouse	casa (*f.*) de huéspedes, pensión *f.*
reception	recepción *f.*
registration form	ficha (*f.*) de hotel
single, double room	habitación (*f.*) individual, doble
hotel manager	director (*m.*) de hotel
porter	portero *m.*
buttons, bellboy	botones *m. inv.*
chambermaid	camarera *f.*
valet	camarero *m.*
lift attendant	ascensorista *m.* y *f.*

headwaiter, maître d'hôtel	jefe (*m.*) de comedor
half board	media pensión *f.*
full board	pensión (*f.*) completa
to put up at a hotel	parar en un hotel
to book a room	reservar una habitación

UNIVERSE AND WEATHER/UNIVERSO Y CLIMA

I. Universe — Universo, *m.*

world	mundo *m.*
orb	orbe *m.*
cosmos	cosmos *m.*
cosmography	cosmografía *f.*
cosmogony	cosmogonía *f.*
cosmology	cosmología *f.*
earth	tierra *f.*
sphere	esfera *f.*
globe	globo *m.*
space	espacio *m.*
sky	cielo *m.*
vault of heaven, celestial vault	bóveda (*f.*) celeste
heavenly body	cuerpo (*m.*) celeste, astro *m.*
planet	planeta *m.*
planetary	planetario, ria
interplanetary	interplanetario, ria
star	estrella *f.*
morning star	lucero (*m.*) del alba
evening star	estrella (*f.*) vespertina
shooting star	estrella (*f.*) fugaz
polestar	estrella (*f.*) polar
comet	cometa *m.*
tail	cola *f.*, cabellera *f.*
asteroid	asteroide *m.*
aerolite	aerolito *m.*
satellite	satélite *m.*
constellation	constelación *f.*
nebula	nebulosa *f.*
galaxy	galaxia *f.*
ring of Saturn	anillo (*m.*) de Saturno
Milky Way	Vía (*f.*) Láctea
orbit	órbita *f.*
apsis	ápside *m.*
equator	ecuador *m.*
zenith	cenit *m.*
epicycle	epiciclo *m.*
apogee	apogeo *m.*
perigee	perigeo *m.*
node	nodo *m.*
limb	limbo *m.*
solar system	sistema (*m.*) solar
sun	sol *m.*
photosphere	fotosfera *f.*
chromosphere	cromosfera *f.*
solar corona	corona (*f.*) solar
halo	halo *m.*
aureole	aureola *f.*
macula	mácula *f.*, mancha *f.*
rise (to)	salir [el sol]
sunrise	salida (*f.*) del sol
dawn, daybreak	amanecer *m.*, alba *f.*, aurora *f.*
shine (to)	lucir [el sol]
set (to)	ponerse [el sol]
sunset	puesta (*f.*) del sol, ocaso *m.*
nightfall, dusk	anochecer *m.*, crepúsculo *m.*

rainbow	arco (*m.*) iris
sun's rays	rayos (*m.*) del sol
eclipse	eclipse *m.*
solstice	solsticio *m.*
winter solstice	solsticio (*m.*) de invierno
summer solstice	solsticio (*m.*) de verano
equinox	equinoccio *m.*
moon	luna *f.*
cusp of the moon	cuerno (*m.*) de la luna
lunation	lunación *f.*
phase	fase *f.*
selenography	selenografía *f.*
full moon	luna (*f.*) llena, plenilunio *m.*
new moon	luna (*f.*) nueva
first quarter, waxing moon, crescent moon	luna (*f.*) creciente, cuarto (*m.*) creciente
half-moon	media luna *f.*
last quarter, waning moon	luna (*f.*) menguante, cuarto (*m.*) menguante
Great Bear, Ursa Major	Osa (*f.*) Mayor, Carro (*m.*) Mayor
Little Bear, Ursa Minor	Osa (*f.*) Menor, Carro (*m.*) Menor
Greater Dog	Can (*m.*) Mayor
Lesser Dog	Can (*m.*) Menor
Bootes	Boyero *m.*
Wagoner, Waggoner	Cochero *m.*, Auriga *m.*
signs of the zodiac	signos (*m.*) del zodiaco
Aries	Aries *m.*
Taurus	Tauro *m.*
Gemini	Géminis *m. pl.*
Cancer	Cáncer *m.*
Leo	Leo *m.*
Virgo	Virgo *m.*
Libra	Libra *f.*
Scorpio	Escorpión *m.*
Sagittarius	Sagitario *m.*
Capricorn	Capricornio *m.*
Aquarius	Acuario *m.*
Pisces	Piscis *m.*

II. Weather — Tiempo, *m.*

meteorology	meteorología *f.*
atmosphere	atmósfera *f.*
climate	clima *m.*
elements	elementos *m.*
temperature	temperatura *f.*
to be warm *o* hot	hacer calor
to be cold	hacer frío
season	estación *f.*
spring	primavera *f.*
summer	verano *m.*
autumn [U.S. fall]	otoño *m.*
winter	invierno *m.*
Indian summer	veranillo (*m.*) de San Martín
drought	sequía *f.*
humidity	humedad *f.*
rain	lluvia *f.*
downpour, shower	aguacero *m.*, chaparrón *m.*, chubasco *m.*
cloud	nube *f.*
storm, tempest	temporal *m.*, tempestad *f.*, tormenta *f.*
lightning	relámpago *m.*, rayo *m.*
thunder	trueno *m.*
wind	viento *m.*
land wind	terral *m.*
hurricane	huracán *m.*
cyclone	ciclón *m.*
typhoon	tifón *m.*

whirlwind	torbellino *m.*, manga (*f.*) de viento
gale	vendaval *m.*
gust of wind	ráfaga (*f.*) de viento
breeze	brisa *f.*
mist, fog	neblina *f.*, bruma *f.*, niebla *f.*
haze	bruma *f.* [de calor]
dew	rocío *m.*
freeze	helada *f.*
frost	escarcha *f.*
hail	granizo *m.*
snow	nieve *f.*
snowflake	copo (*m.*) de nieve
snowfall	nevada *f.*
waterspout	tromba (*f.*) de agua
dead calm	calma (*f.*) chicha

See also GEOGRAFÍA

VEGETABLES AND FRUITS/HORTALIZAS Y FRUTAS

I. Vegetables — Hortalizas, *f.*

artichoke	alcachofa *f.*
asparagus	espárrago *m.*
aubergine, eggplant	berenjena *f.*
bean	judía *f*, habichuela *f.*, alubia *f.* [*Amer.*, frijol *m.*, fríjol *m.*, poroto *m.*]
beet, beetroot	remolacha *f.*
broad bean	haba *f.*
broccoli, brocoli	brécol *m.*
Brussels sprouts	coles (*f.*) de Bruselas
cabbage	col *f.*, berza *f.*
caper	alcaparra *f.*
cardoon	cardo *m.*
carrot	zanahoria *f.*
cauliflower	coliflor *f.*
celery	apio *m.*
chervil	perifollo *m.*
chick-pea	garbanzo *m.*
chicory	escarola *f.*
chilli	chile *m.*
chive	cebolleta *f.*
clove	clavo *m.*
cos lettuce	lechuga (*f.*) romana
cress	berro *m.*
cucumber	pepino *m.*
cumin, cummin	comino *m.*
dandelion	diente (*m.*) de león
endive	endibia *f.*
fennel	hinojo *m.*
French bean	judía (*f.*) verde
garlic	ajo *m*
gherkin	pepinillo *m.*
horseradish	rábano (*m.*) picante
Jerusalem artichoke	aguaturma *f.*, pataca *f.*, topinambur *m.*
kale	col (*f.*) rizada
kohlrabi	colinabo *m.*
laurel	laurel *m.*
leek	puerro *m.*
lentil	lenteja *f.*
lettuce	lechuga *f.*
lupin [U.S., lupine]	altramuz *m.*, lupino *m.*
marrow	calabacín *m.*
melon	melón *m.*
mushroom	seta *f.*, hongo *m.*
onion	cebolla *f.*

parsley	perejil *m.*
parsnip	pastinaca *f.*, chirivía *f.*
pea	guisante *m.*
pepper	pimiento *m.*
pimiento	pimiento (*m.*) morrón
potato	patata *f.* [*Amer.*, papa *f.*]
pumpkin	calabaza *f.*
radish	rábano *m.*
rhubarb	ruibarbo *m.*
romaine lettuce	lechuga (*f.*) romana
salsify	salsifí *m.*
sorrel	acedera *f.*
spinach	espinaca *f.*
sweet pepper	pimiento (*m.*) morrón
sweet potato	batata *f.*, boniato *m.* [*Amer.*, camote *m.*]
tarragon	estragón *m.*
thyme	tomillo *m.*
tomato	tomate *m.* [*Amer.*, jitomate *m.*]
truffle	trufa *f.*, criadilla (*f.*) de tierra
turnip	nabo *m.*
watercress	berro *m.*
watermelon	sandía *f.*

II. Fruits — Frutas, *f.*

almond	almendra *f.*
apple	manzana *f.*
apricot	albaricoque *m.*
avocado	aguacate *m.* [*Amer.*, palta *f.*]
banana	plátano *m.* [*Amer.*, banana *f.*, banano *m.*]
bilberry	arándano *m.*
blackberry	zarzamora *f.*
black currant	grosella (*f.*) negra
blood orange	naranja (*f.*) sanguina
blueberry	arándano *m.*
cherry	cereza *f.*
chestnut	castaña *f.*
citron	cidra *f.*
coconut, cocoanut	coco *m.*
currant	grosella *f.*
damson	ciruela (*f.*) damascena
date	dátil *m.*
fig	higo *m.*
grape	uva *f.*
grapefruit	pomelo *m.*, toronja *f.*
guava	guayaba *f.*
hazelnut	avellana *f.*
lemon	limón *m.*
mango	mango *m.*
medlar	níspero *m.*
mulberry	mora *f.*
nectarine	nectarina *f.*
nutmeg	nuez (*f.*) moscada
orange	naranja *f.*
papaya, papaw	papaya *f.*
peach	melocotón *m.* [*Amer.*, durazno *m.*]
peanut	cacahuete *m.* [*Amer.*, cacahuate *m.*, maní *m.*]
pear	pera *f.*
persimmon	caquí *m.*
pinapple	piña *f.* [*Amer.*, ananás *m.*]
pistachio	alfóncigo *m.*, pistachio *m.*
plum	ciruela *f.*
pomegranate	granada *f.*
prickly pear	higo (*m.*) chumbo
quince	membrillo *m.*
raspberry	frambuesa *f.*
soursop	guanábana *f.*

strawberry	fresa *f.* [*Amer.*, frutilla *f.*]
tangerine	mandarina *f.*
walnut	nuez *f.*

See also AGRICULTURE

WORK/TRABAJO

I. General terms — Generalidades, *f.*

Ministry of Labour [U.S., Department of Labor]	Ministerio (*m.*) de Trabajo
labour market	mercado (*m.*) del trabajo
Labour *o* Employment exchange [U.S., Employment Bureau]	bolsa (*f.*) de Trabajo
labour management	economía (*f.*) laboral
full employment	pleno empleo *m.*
to be paid by the hour	trabajar por horas
seasonal work	trabajo (*m.*) estacional
piecework, timework, teamwork, shift work	trabajo (*m.*) a destajo, por horas, en equipo, por turno
assembly line work [U.S., serial production]	trabajo (*m.*) en cadena
workshop	taller *m.*
handicrafts *pl.*, crafts *pl.*	artesanía *f.*
trade, craft	oficio *m.*
profession, occupation	profesión *f.*
employment, job	empleo *m.*
situation, post	colocación *f.*
job	puesto (*m.*) de trabajo
vacancy	vacante *f.*
work permit	permiso (*m.*) de trabajo
to apply for a job	solicitar un empleo
application [for a job]	petición (*f.*) *or* solicitud (*f.*) de empleo
employment bureau	agencia (*f.*) de colocaciones
to engage, to employ	contratar
work contract	contrato (*m.*) de trabajo
industrial accident	accidente (*m.*) de trabajo
occupational disease	enfermedad (*f.*) profesional
vocational guidance	orientación (*f.*) profesional
vocational training	formación (*f.*) profesional
retraining, reorientation, rehabilitation	readaptación (*f.*) profesional, reconversión *f.*
holidays, holiday *sing.*, vacation *sing.*	vacaciones *f. pl.*

II. Manpower, labour — Mano (*f.*) de obra.

labour costs *pl.*, labour input	coste (*m.*) de la mano de obra
fluctuation of labour [U.S., of labor]	fluctuación (*f.*) de la mano de obra
worker	trabajador *m.*, productor *m.*
permanent worker	trabajador (*m.*) de plantilla

personnel, staff	personal *m.*
employee	empleado *m.*
clerk, office worker	oficinista *m.* y *f.*
salary earner	asalariado *m.*
workman	obrero *m.*
organized labour *sing.*	obreros (*m. pl.*) sindicados
skilled, unskilled, specialized worker	obrero (*m.*) cualificado, no cualificado, especializado
farm worker *o* labourer	obrero (*m.*) agrícola
worker, labourer [U.S., laborer]	operario *m.*
skilled workman	oficial *m.*
day labourer	jornalero *m.*
seasonal worker	temporero *m.*
[unskilled] labourer	bracero *m.*, peón *m.*
collaborator	colaborador *m.*
foreman	capataz *m.*
trainee, apprentice	aprendiz *m.*
apprenticeship	aprendizaje *m.*
artisan, craftsman	artesano *m.*
specialist	especialista *m.*
night shift	equipo (*m.*) de noche
shortage of labour *o* of manpower	escasez (*f.*) de mano de obra
working class	clase (*f.*) obrera
proletarian	proletario *m.*
proletariat	proletariado *m.*
trade union [U.S., labor union]	sindicato *m.*
trade unionist	sindicalista *m.*
trade unionism	sindicalismo *m.*
guild; association, society, union	gremio *m.*
emigration	emigración *f.*
employer	empresario *m.*
shop steward [U.S., union delegate]	delegado (*m.*) sindical
delegate	delegado *m.*
representative	representante *m.* y *f.*
works council	jurado (*m.*) de empresa

III. Working conditions — Condiciones (*f.*) de trabajo.

labour law	derecho (*m.*) laboral
labour laws, labour legislation	leyes (*f. pl.*) laborales, legislación (*f.*) laboral
working day, workday	día (*m.*) laborable, día (*m.*) de trabajo
full-time employment *o* job *o* work	empleo (*m.*) de dedicación exclusiva *or* de plena dedicación
part-time employment *o* job *o* work	empleo (*m.*) *or* trabajo (*m.*) de media jornada
working hours	horas (*f. pl.*) de trabajo
overtime *sing.*	horas (*f. pl.*) extraordinarias
remuneration	remuneración *f.*
pay, wage, salary	salario *m.*, sueldo *m.*
wage index	índice (*m.*) de salarios
minimum wage	salario (*m.*) mínimo
basic wage	sueldo (*m.*) base
gross wages *pl.*	salario (*m.*) bruto
net, real wages *pl.*	salario (*m.*) neto, real
hourly wages *pl.*, wage rate per hour	salario (*m.*) por hora
monthly wages *pl.*	salario (*m.*) mensual
weekly wages *pl.*	salario (*m.*) semanal
piecework wage	salario (*m.*) a destajo
maximum wage [U.S., wage ceiling]	salario (*m.*) tope *or* máximo
sliding scale	escala (*f.*) móvil
payment in kind	pago (*m.*) en especie
daily wages *pl.*	jornal *m.*

premium, bonus, extra pay	prima *f.*
payday	día (*m.*) de paga
pay slip	hoja (*f.*) de paga
payroll	nómina *f.* (de sueldos)
unemployment benefit	subsidio (*m.*) de paro
old-age pension	pensión (*f.*) de vejez
retirement	jubilación *f.*, retiro *m.*
collective agreement	convenio (*m.*) colectivo

IV. Industrial disputes — Conflictos (*m.*) laborales.

claims	reivindicaciones *f. pl.*
strike	huelga *f.*
striker	huelguista *m.* y *f.*
down tools, sit-down strike	huelga (*f.*) de brazos caídos *or* de brazos cruzados
staggered strike	huelga (*f.*) escalonada *or* alternativa *or* por turno
go-slow [U.S., slow-down]	huelga (*f.*) intermitente
strike pay	subsidio (*m.*) de huelga
strike picket	piquete (*m.*) de huelga
strikebreaker, blackleg	rompehuelgas *m. inv.*, esquirol *m.*
demonstration, manifestation	manifestación *f.*
lockout	cierre (*m.*) patronal
conciliation board in industrial disputes	Magistratura (*f.*) del Trabajo
unemployment	paro *m.*, desempleo *m.*, desocupación *f.*
seasonal unemployment	paro (*m.*) estacional
underemployment	paro (*m.*) encubierto
unemployed man	parado *m.*
the unemployed	los parados *m. pl.*
sanction	sanción *f.*
to discharge, to dismiss	despedir
dismissal	despido *m.*
to terminate a contract	rescindir un contrato
negotiation	negociación *f.*
collective bargaining *sing.*	negociaciones (*f. pl.*) colectivas

ZOOLOGY/ZOOLOGÍA

I. Mammals — Mamíferos, *m.*

horse	caballo *m.*
mare	yegua *f.*
mule	mulo *m.*
colt, foal	potro *m.*
ass, donkey	asno *m.*, burro *m.*
hippopotamus	hipopótamo *m.*
buffalo	búfalo *m.*
bull	toro *m.*
ox	buey *m.*
cow	vaca *f.*
calf	ternera *f.*
pig	cerdo *m.*
sheep	carnero *m.*
goat	cabra *f.*
lamb	cordero *m.*
ewe	oveja *f.*
zebra	cebra *f.*

antilope	antilope *m.*
gazelle	gacela *f.*
deer	ciervo *m.*
reindeer	reno *m.*
giraffe	jirafa *f.*
camel	camello *m.*
dromedary	dromedario *m.*
llama	llama *f.*
alpaca	alpaca *f.*
guanaco	guanaco *m.*
vicuna	vicuña *f.*
elephant	elefante *m.*
rhinoceros	rinoceronte *m.*
cat	gato *m.*
lion	león *m.*
tiger	tigre *m.*
panther	pantera *f.*
leopard	leopardo *m.*
hyena, hyaena	hiena *f.*
lynx	lince *m.*
dog	perro *m.*
wolf	lobo *m.*
fox	zorro *m.*
bear	oso *m.*
badger	tejón *m.*
weasel	comadreja *f.*
otter	nutria *f.*
squirrel	ardilla *f.*
dormouse	lirón *m.*
beaver	castor *m.*
marmot	marmota *f.*
ferret	hurón *m.*
Guinea pig	cobayo *m.*
rabbit	conejo *m.*
hare	liebre *f.*
chinchilla	chinchilla *f.*
rat	rata *f.*
mouse	ratón *m.*
monkey	mono *m.*
orangutan	orangután *m.*
chimpanzee	chimpancé *m.*
gorilla	gorila *m.*
sloth	perezoso *m.*
anteater	oso (*m.*) hormiguero
kangaroo	canguro *m.*
hedgehog	erizo *m.*
porcupine	puerco espín *m.*
mole	topo *m.*
bat	murciélago *m.*
armadillo	armadillo *m.*
whale	ballena *f.*
dolphin	delfín *m.*
porpoise	marsopa *f.*
seal	foca *f.*
walrus	morsa *f.*

II. Birds — Aves, *f.*

cock	gallo *m.*
hen	gallina *f.*
chicken	pollo *m.*
guinea fowl	pintada *f.*
turkey	pavo *m.*
peacock	pavo (*m.*) real
duck	pato *m.*
goose	oca *f.*, ánsar *m.*
swan	cisne *m.*
gander	ganso *m.*
dove	paloma *f.*
turtledove	tórtola *f.*
pigeon	pichón *m.*
pheasant	faisán *m.*
partridge	perdiz *f.*

quail	codorniz *f.*
heron	garza *f.*
stork	cigüeña *f.*
ostrich	avestruz *f.*
woodcock	chocha *f.*, becada *f.*
snipe	agachadiza *f.*
seagull	gaviota *f.*
pelican	pelicano *m.*
kingfisher	martín (*m.*) pescador
cockatoo	cacatúa *f.*
macaw	guacamayo *m.*
bird of paradise	ave (*f.*) de paraíso
quetzal	quetzal *m.*
eagle	águila *f.*
condor	cóndor *m.*
vulture	buitre *m.*
hawk, falcon	halcón *m.*
woodpecker	pájaro (*m.*) carpintero
parakeet	perico *m.*
parrot	loro *m.*
cuckoo	cuclillo *m.*, cuco *m.*
crow	cuervo *m.*
magpie	urraca *f.*
swallow	golondrina *f.*
sparrow	gorrión *m.*
nightingale	ruiseñor *m.*
canary	canario *m.*
goldfinch	jilguero *m.*
chaffinch	pinzón *m.*
blackbird	mirlo *m.*
robin	petirrojo *m.*
plover	chorlito *m.*
starling	estornino *m.*
lark	alondra *f.*
thrush	tordo *m.*
swift	vencejo *m.*
whitethroat	curruca *f.*
hummingbird	colibrí *m.*
penguin	pingüino *m.*, pájaro (*m.*) bobo
scops owl	corneja *f.*
owl	lechuza *f.*, búho *m.*

III. Reptiles and batrachians — Reptiles (*m.*) y batracios, *m.*

snake	serpiente *f.*
grass snake	culebra *f.*
boa	boa *f.*
python	pitón *m.*
viper, adder	víbora *f.*
cobra	naja *f.*, cobra *f.*
rattlesnake	crótalo *m.*, serpiente (*f.*) de cascabel
lizard	lagarto *m.*
wall lizard	lagartija *f.*
chameleon	camaleón *m.*
salamander	salamandra *f.*
triton, newt	tritón *m.*
crocodile	cocodrilo *m.*
caiman, cayman	caimán *m.*
alligator	aligátor *m.*
tortoise; turtle	tortuga *f.*
sea turtle	carey *m.*
frog	rana *f.*
toad	sapo *m.*

IV. Fish — Peces, *m.*

carp	carpa *f.*
pike	lucio *m.*
perch	perca *f.*
eel	anguila *f.*
trout	trucha *f.*
salmon	salmón *m.*
anchovy	boquerón *m.*
tunny, tuna	atún *m.*, bonito *m.*
cod	bacalao *m.*
sole	lenguado *m.*
plaice	platija *f.*
hake	merluza *f.*
mackerel	caballa *f.*
whiting	pescadilla *f.*
herring	arenque *m.*
sea bream	besugo *m.*
turbot	rodaballo *m.*
sardine	sardina *f.*
red mullet, surmullet	salmonete *m.*
ray; skate	raya *f.*
shark	tiburón *m.*
sturgeon	esturión *m.*

V. Insects — Insectos, *m.*

fly	mosca *f.*
horsefly, gadfly	tábano *m.*
flea	pulga *f.*
louse	piojo *m.*
spider	araña *f.*
mosquito	mosquito *m.*
anopheles	anofeles *m. inv.*
ladybird	mariquita *f.*
cicada	cigarra *f.*
cricket	grillo *m.*
locust	langosta *f.*
grasshopper	saltamontes *m. inv.*
praying mantis	manta (*f.*) religiosa
bee	abeja *f.*
wasp	avispa *f.*
bumble bee	abejorro *m.*
beetle	escarabajo *m.*
caterpillar	oruga *f.*
ant	hormiga *f.*
centipede	ciempiés *m. inv.*
butterfly	mariposa *f.*
dragonfly	libélula *f.*
glowworm, firefly	luciérnaga *f.*
moth	polilla *f.*
bug	chinche *f.*
cockroach	cucaracha *f.*
termite	comején *m.*
tarantula	tarántula *f.*
scorpion	alacrán *m.*, escorpión *m.*

VI. Molluscs and crustaceans — Moluscos (*m.*) y crustáceos, *m.*

snail	caracol *m.*
cuttlefish	jibia *f.*
squid	calamar *m.*
octopus	pulpo *m.*
goose barnacle	percebe *m.*
clam	almeja *f.*
scallop	venera *f.*
mussel	mejillón *m.*
cockle	berberecho *m.*
oyster	ostra *f.*
sea urchin	erizo (*m.*) de mar
spiny *o* rock lobster	langosta *f.*
lobster	bogavante *m.*
crab	cangrejo *m.*
spider crab	centollo *m.*
large prawn	langostino *m.*
Norway lobster	cigala *f.*
prawn	gamba *f.*
shrimp	camarón *m.*, quisquilla *f.*
crayfish	cangrejo (*m.*) de río

VII. Worms — Gusanos, *m.*

earthworm	lombriz (*f.*) de tierra
leech	sanguijuela *f.*
tapeworm	tenia *f.*
trichina	triquina *f.*

NUMBER TABLE/ADJETIVOS NUMERALES

I. Cardinal — Cardinales, *m.*

0	nought	cero
1	one	uno, una
2	two	dos
3	three	tres
4	four	cuatro
5	five	cinco
6	six	seis
7	seven	siete
8	eight	ocho
9	nine	nueve
10	ten	diez
11	eleven	once
12	twelve	doce
13	thirteen	trece
14	fourteen	catorce
15	fifteen	quince
16	sixteen	dieciséis
17	seventeen	diecisiete
18	eighteen	dieciocho
19	nineteen	diecinueve
20	twenty	veinte
21	twenty one	veintiuno, na
22	twenty two	veintidós
30	thirty	treinta
31	thirty one	treinta y uno
40	forty	cuarenta
50	fifty	cincuenta
60	sixty	sesenta
70	seventy	setenta
80	eighty	ochenta
90	ninety	noventa
100	a hundred, one hundred	cien *or* ciento
101	one hundred and one, a hundred and one	ciento uno
134	one hundred and thirty-four	ciento treinta y cuatro
200	two hundred	doscientos, tas
300	three hundred	trescientos, tas
400	four hundred	cuatrocientos, tas
500	five hundred	quinientos, tas
600	six hundred	seiscientos, tas
700	seven hundred	setecientos, tas
800	eight hundred	ochocientos, tas
900	nine hundred	novecientos, tas
1000	a thousand, one thousand	mil
1001	one thousand and one	mil uno
2034	two thousand and thirty-four	dos mil treinta y cuatro
1 000 000	a million, one million,	un millón
1 000 000 000	a milliard, one millard [U.S. a billion, one billion]	mil millones
1 000 000 000 000	a billion, one billion [U.S., a trillion, one trillion]	un billón

II. Ordinal — Ordinales, *m.*

1	first	primero, ra
2	second	segundo, da
3	third	tercero, ra
4	fourth	cuarto, ta
5	fifth	quinto, ta
6	sixth	sexto, ta
7	seventh	séptimo, ma
8	eighth	octavo, va
9	ninth	noveno, na
10	tenth	décimo, ma
11	eleventh	undécimo, ma
12	twelfth	duodécimo, ma
13	thirteenth	decimotercero, ra
14	fourteenth	decimocuarto, ta
15	fifteenth	decimoquinto, ta
16	sixteenth	decimosexto, ta
17	seventeenth	decimoséptimo, ma
18	eighteenth	decimoctavo, va
19	nineteenth	decimonoveno, na
20	twentieth	vigésimo, ma
21	twenty-first	vigésimo (-ma) primero, ra
22	twenty-second	vigésimo (-ma) segundo, da
30	thirtieth	trigésimo, ma
31	thirty-first	trigésimo (-ma) primero, ra
40	fortieth	cuadragésimo, ma
50	fiftieth	quincuagésimo, ma
60	sixtieth	sexagésimo, ma
70	seventieth	septuagésimo, ma
80	eightieth	octogésimo, ma
90	ninetieth	nonagésimo, ma
100	hundredth	centésimo, ma
101	hundred and first	centésimo (-ma) primero, ra
134	hundred and thirty-fourth	centésimo (-ma) trigésimo (-ma) cuarto, ta
200	two hundredth	ducentésimo, ma
300	three hundredth	tricentésimo, ma
400	four hundredth	cuadringentésimo, ma
500	five hundredth	quingentésimo, ma
600	six hundredth	sexcentésimo, ma
700	seven hundredth	septingentésimo, ma
800	eight hundredth	octingentésimo, ma
900	nine hundredth	noningentésimo, ma
1000	thousandth	milésimo, ma
1001	thousand and first	milésimo (-ma) primero, ra
2034	two thousand and thirty-fourth	dos milésimo (-ma) trigésimo (-ma) cuarto, ta
1 000 000	millionth	millonésimo, ma
1 000 000 000	[U.S. billionth]	mil millonésimo, ma
1 000 000 000 000	billionth [U.S. trillionth]	billonésimo, ma

En Estados Unidos un billón es igual a mil millones, mientras que en idioma español un billón es igual a un millón de millones.

ANGLO- SAXON WEIGHTS AND MEASURES/ PESOS Y MEDIDAS SISTEMA ANGLO-SAJÓN

I. Measures conversion table — Tabla de conversión de medidas

2 inches (pulgadas) = 1 foot (pie) 3 feet = 1 yard (yarda) 1760 yards = 1 mile (milla)

	milí-metros	milí-metros o pul-gadas	pul-gadas
	25.4	1	0.04
	50.8	2	0.08
	76.2	3	0.12
	101.6	4	0.16
	127.0	5	0.20
	152.4	6	0.24
	177.8	7	0.28
EJEMPLO	203.2	8	0.32
8 mm igual a	228.6	9	0.35
0.32 pulgadas	254.0	10	0.39
	508.0	20	0.79
8 pulgadas	762.0	30	1.18
igual a	1016	40	1.58
203.2 mm	1270	50	1.97
	1524	60	2.36
	1778	70	2.76
	2032	80	3.15
	2286	90	3.54
	2540	100	3.94

kiló-metros	kiló-metros o millas	millas
1.61	1	0.62
3.22	2	1.24
4.83	3	1.86
6.44	4	2.49
8.05	5	3.11
9.66	6	3.73
11.27	7	4.35
12.88	8	4.97
14.48	9	5.59
16.09	10	6.21
32.19	20	12.43
48.28	30	18.64
64.37	40	24.86
80.47	50	31.07
96.56	60	37.28
112.7	70	43.50
128.7	80	49.71
144.8	90	55.92
160.9	100	62.14

metros	metros o pies	pies
0.30	1	3.28
0.61	2	6.56
0.91	3	9.84
1.22	4	13.12
1.52	5	16.40
1.83	6	19.68
2.13	7	22.97
2.44	8	26.25
2.74	9	29.53
3.05	10	32.81
6.10	20	65.61
9.14	30	98.42
12.20	40	131.2
15.24	50	164.0
18.29	60	196.9
21.34	70	229.7
24.38	80	262.5
27.43	90	295.3
30.49	100	328.1

II. Weights conversion table — Tabla de conversión de pesos

kilogramos	kilogramos o libras	libras
0.45	1	2.21
0.91	2	4.41
1.36	3	6.61
1.81	4	8.82
2.27	5	11.02
2.72	6	13.23
3.18	7	15.43
3.63	8	17.64
4.08	9	19.84
4.54	10	22.05
9.07	20	44.09
13.61	30	66.14
18.14	40	88.19
22.68	50	110.2
27.22	60	132.3
31.75	70	154.3
36.29	80	176.4
40.82	90	198.4
45.36	100	220.5

III. Volumes conversion table — Tabla de conversión de volúmenes

litros	litros o galones (EU)	galones (EU)
3.79	1	0.26
7.57	2	0.53
11.36	3	0.79
15.14	4	1.06
18.93	5	1.32
22.71	6	1.59
26.50	7	1.85
30.28	8	2.11
34.07	9	2.38
37.85	10	2.64
75.70	20	5.28
113.6	30	7.93
151.4	40	10.57
189.3	50	13.21
227.1	60	15.85
265.0	70	18.49
302.8	80	21.13
340.7	90	23.78
378.5	100	26.42

litros	litros o galones (GB)	galones (GB)
4.55	1	0.22
9.09	2	0.44
13.63	3	0.66
18.18	4	0.88
22.73	5	1.10
27.28	6	1.32
31.82	7	1.54
36.37	8	1.76
40.91	9	1.98
45.46	10	2.20
90.92	20	4.40
136.38	30	6.60
181.84	40	8.80
227.30	50	11.00
272.76	60	13.20
318.22	70	15.40
363.68	80	17.60
409.14	90	19.80
454.60	100	22.00

THERMOMETRIC EQUIVALENTS / EQUIVALENCIAS TERMOMÉTRICAS

Centigrade to Fahrenheit Scales — Escala Centígrados a Fahrenheit

Para convertir de grados Fahrenheit a grados Centígrados:
Restar 32 y multiplicar por .56.

°C	°F	°C	°F
—20	—4.0	20	68.
—19	—2.2	21	69.8
—18	—0.4	22	71.6
—17	1.4	23	73.4
—16	3.2	24	75.2
—15	5.	25	77.
—14	6.8	26	78.8
—13	8.6	27	80.6
—12	10.4	28	82.4
—11	12.2	29	84.2
—10	14.	30	86.
— 9	15.8	31	87.8
— 8	17.6	32	89.6
— 7	19.4	33	91.4
— 6	21.2	34	93.2
— 5	23.	35	95.
— 4	24.8	36	96.8
— 3	26.6	37	98.6
— 2	28.4	38	100.4
— 1	30.2	39	102.2
0	32.	40	104.
1	33.8	41	105.8
2	35.6	42	107.6
3	37.4	43	109.4
4	39.2	44	111.2
5	41.	45	113.
6	42.8	46	114.8
7	44.6	47	116.6
8	46.4	48	118.4
9	48.2	49	120.2
10	50.	50	122.
11	51.8	51	123.8
12	53.6	52	125.6
13	55.4	53	127.4
14	57.2	54	129.2
15	59.	55	131.
16	60.8	56	132.8
17	62.6	57	134.6
18	64.4	58	136.4
19	66.2	59	138.2

Centigrade to Fahrenheit Scales — Escala Centígrados a Fahrenheit (*continuación*)

°C	°F	°C	°F
60	140.	81	177.8
61	141.8	82	179.6
62	143.6	83	181.4
63	145.4	84	183.2
64	147.2	85	185.
65	149.	86	186.8
66	150.8	87	188.6
67	152.6	88	190.4
68	154.4	89	192.2
69	156.2	90	194.
70	158.	91	195.8
71	159.8	92	197.6
72	161.6	93	199.4
73	163.4	94	201.2
74	165.2	95	203.
75	167.	96	204.8
76	168.8	97	206.6
77	170.6	98	208.4
78	172.4	99	210.2
79	174.2	100	212.
80	176.	101	213.8

II. Fahrenheit to Centigrade Scales — Escala Fahrenheit a Centígrados

Para convertir grados Centígrados a grados Fahrenheit:
Multiplicar por 1.8 y sumar 32.

°F	°C	°F	°C
—4	—20.00	36	2.22
—3	—19.44	37	2.78
—2	—18.89	38	3.33
—1	—18.33	39	3.89
0	—17.78	40	4.44
1	—17.22	41	5.
2	—16.67	42	5.56
3	—16.11	43	6.11
4	—15.56	44	6.67
5	—15.	45	7.22
6	—14.44	46	7.78
7	—13.89	47	8.33
8	—13.33	48	8.89
9	—12.78	49	9.44
10	—12.22	50	10.
11	—11.67	51	10.56
12	—11.11	52	11.11
13	—10.56	53	11.67
14	—10.	54	12.22
15	— 9.44	55	12.78
16	— 8.89	56	13.33
17	— 8.33	57	13.89
18	— 7.78	58	14.44
19	— 7.22	59	15.
20	— 6.67	60	15.56
21	— 6.11	61	16.11
22	— 5.56	62	16.67
23	— 5.	63	17.22
24	— 4.44	64	17.78
25	— 3.89	65	18.33
26	— 3.33	66	18.89
27	— 2.78	67	19.44
28	— 2.22	68	20.
29	— 1.67	69	20.56
30	— 1.11	70	21.11
31	— 0.56	71	21.67
32	0.	72	22.22
33	0.56	73	22.78
34	1.11	74	23.33
35	1.67	75	23.89

Fahrenheit to Centigrade Scales — Escala Fahrenheit a Centígrados (*continuación*)

°F	°C	°F	°C
76	24.44	96	35.56
77	25.	97	36.11
78	25.56	98	36.67
79	26.11	99	37.22
80	26.67	100	37.78
81	27.22	101	38.33
82	27.78	102	38.89
83	28.33	103	39.44
84	28.89	104	40.
85	29.44	105	40.56
86	30.	106	41.11
87	30.56	107	41.67
88	31.11	108	42.22
89	31.67	109	42.78
90	32.22	110	43.33
91	32.78	112	43.89
92	33.33	111	44.44
93	33.89	113	45.
94	34.44	114	45.56
95	35.	115	46.11

ILUSTRACIONES

Fot. Régie Renault.

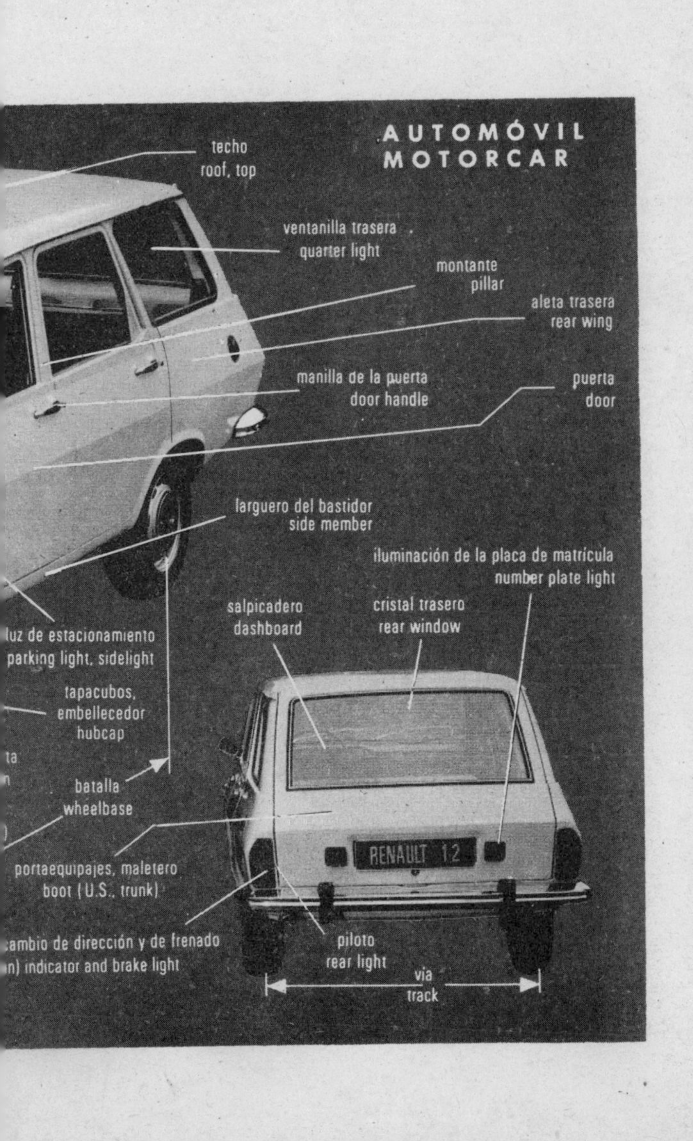
AUTOMÓVIL
MOTORCAR
techo
roof, top
ventanilla trasera
quarter light
montante
pillar
aleta trasera
rear wing
manilla de la puerta
door handle
puerta
door
larguero del bastidor
side member
iluminación de la placa de matrícula
number plate light
salpicadero
dashboard
cristal trasero
rear window
luz de estacionamiento
parking light, sidelight
tapacubos,
embellecedor
hubcap
batalla
wheelbase
portaequipajes, maletero
boot (U.S., trunk)
ambio de dirección y de frenado
n) indicator and brake light
piloto
rear light
via
track
RENAULT 12

AVIÓN
AIRCRAFT

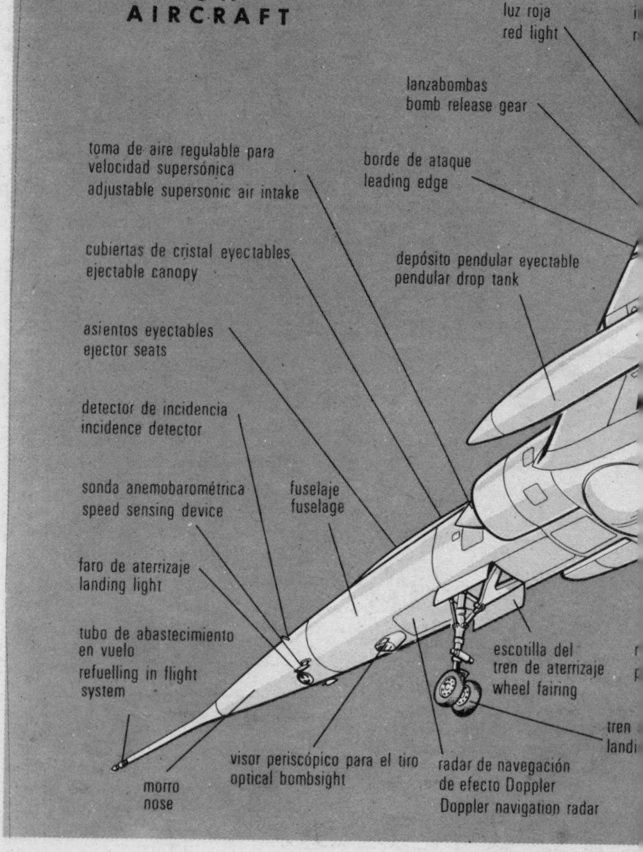

luz roja
red light

lanzabombas
bomb release gear

toma de aire regulable para
velocidad supersónica
adjustable supersonic air intake

borde de ataque
leading edge

cubiertas de cristal eyectables
ejectable canopy

depósito pendular eyectable
pendular drop tank

asientos eyectables
ejector seats

detector de incidencia
incidence detector

sonda anemobarométrica
speed sensing device

fuselaje
fuselage

faro de aterrizaje
landing light

tubo de abastecimiento
en vuelo
refuelling in flight
system

escotilla del
tren de aterrizaje
wheel fairing

morro
nose

visor periscópico para el tiro
optical bombsight

radar de navegación
de efecto Doppler
Doppler navigation radar

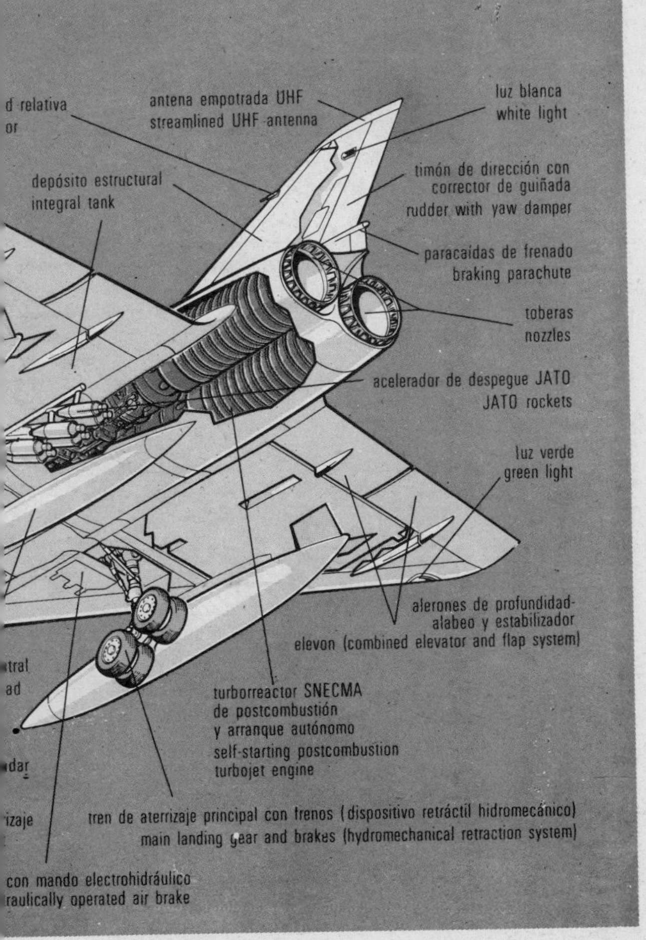

antena empotrada UHF
streamlined UHF antenna
luz blanca
white light
depósito estructural
integral tank
timón de dirección con
corrector de guiñada
rudder with yaw damper
paracaídas de frenado
braking parachute
toberas
nozzles
acelerador de despegue JATO
JATO rockets
luz verde
green light
alerones de profundidad-
alabeo y estabilizador
elevon (combined elevator and flap system)
turborreactor SNECMA
de postcombustión
y arranque autónomo
self-starting postcombustion
turbojet engine
tren de aterrizaje principal con frenos (dispositivo retráctil hidromecánico)
main landing gear and brakes (hydromechanical retraction system)
con mando electrohidráulico
raulically operated air brake

Fot. Snecma.

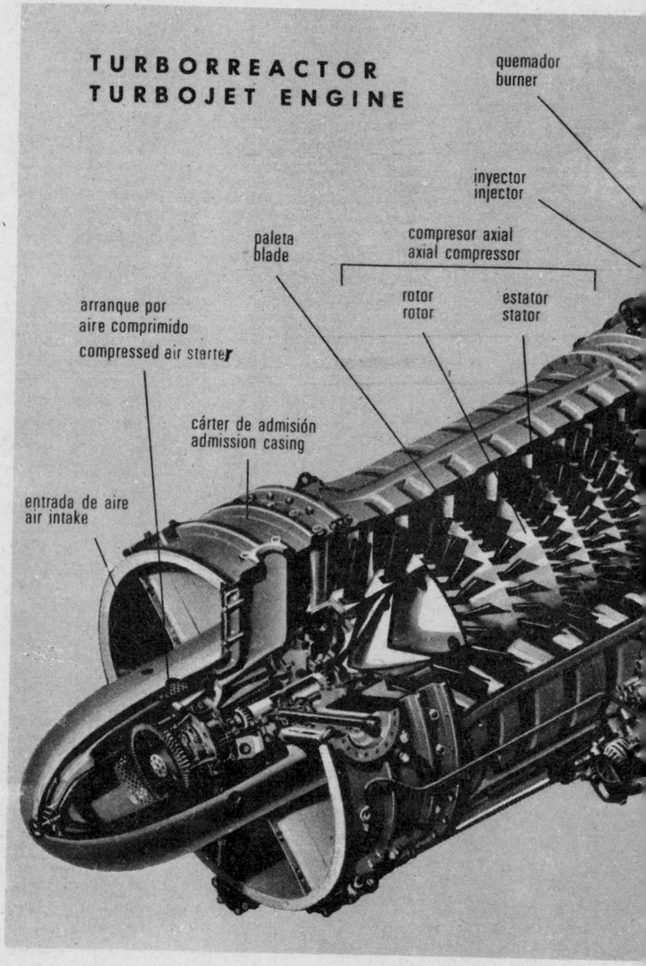

TURBORREACTOR
TURBOJET ENGINE

quemador
burner

inyector
injector

compresor axial
axial compressor

paleta
blade

rotor
rotor

estator
stator

arranque por
aire comprimido
compressed air starter

cárter de admisión
admission casing

entrada de aire
air intake

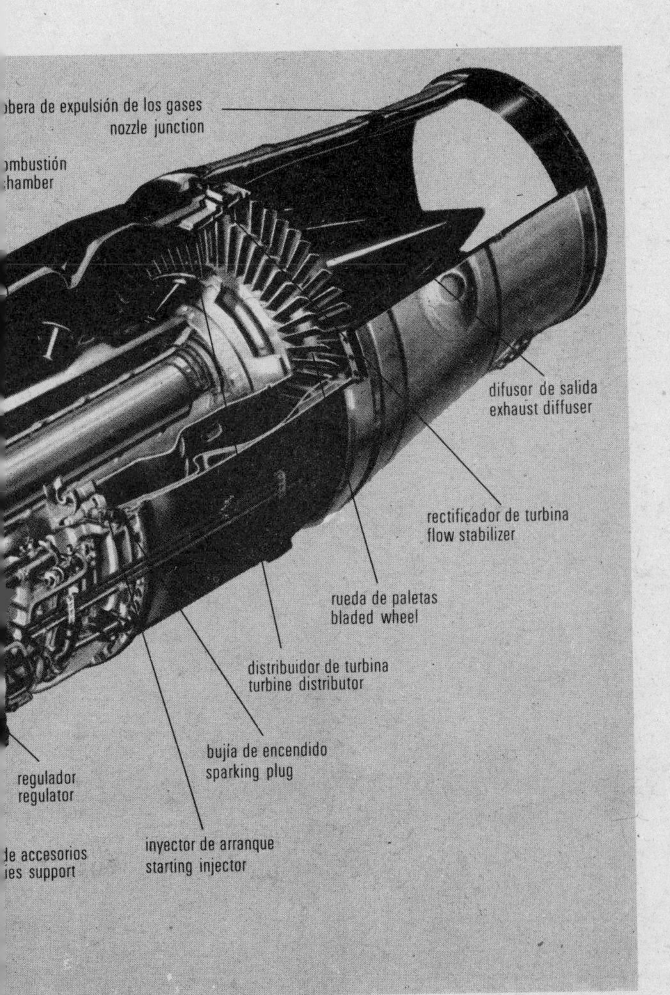

de expulsión de los gases
nozzle junction
difusor de salida
exhaust diffuser
rectificador de turbina
flow stabilizer
rueda de paletas
bladed wheel
distribuidor de turbina
turbine distributor
bujía de encendido
sparking plug
regulador
regulator
inyector de arranque
starting injector
accesorios
support

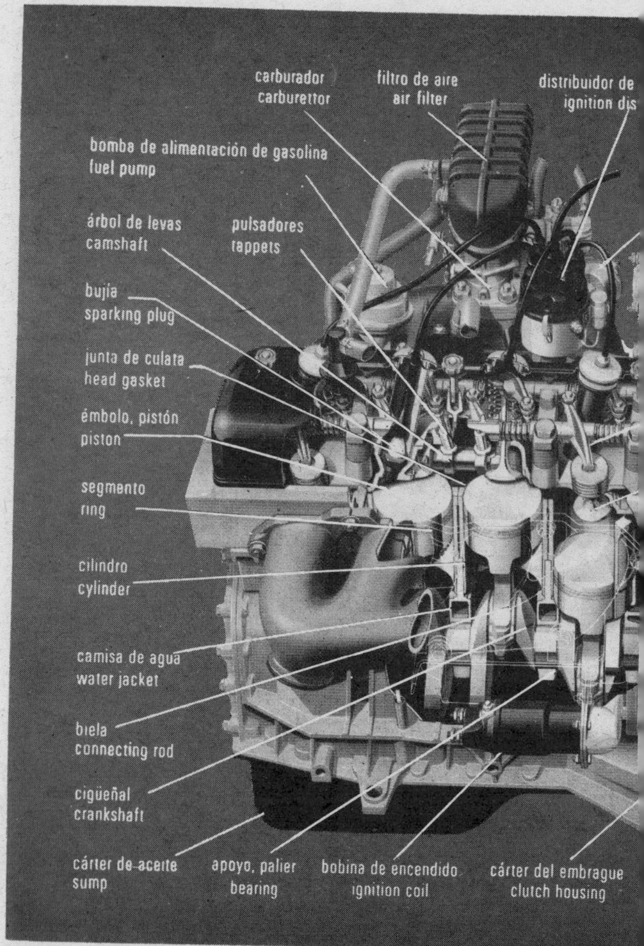

carburador
carburettor

filtro de aire
air filter

distribuidor de
ignition dis

bomba de alimentación de gasolina
fuel pump

árbol de levas
camshaft

pulsadores
tappets

bujía
sparking plug

junta de culata
head gasket

émbolo, pistón
piston

segmento
ring

cilindro
cylinder

camisa de agua
water jacket

biela
connecting rod

cigüeñal
crankshaft

cárter de aceite
sump

apoyo, palier
bearing

bobina de encendido
ignition coil

cárter del embrague
clutch housing

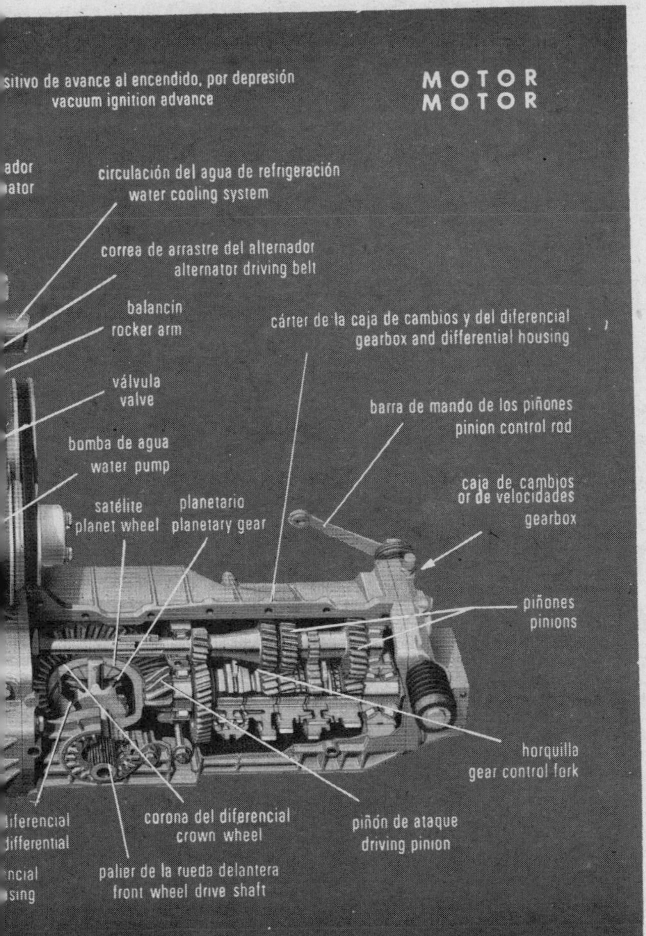

sitivo de avance al encendido, por depresión
vacuum ignition advance

MOTOR
MOTOR

ador
iator

circulación del agua de refrigeración
water cooling system

correa de arrastre del alternador
alternator driving belt

balancín
rocker arm

cárter de la caja de cambios y del diferencial
gearbox and differential housing

válvula
valve

barra de mando de los piñones
pinion control rod

bomba de agua
water pump

caja de cambios
or de velocidades
gearbox

satélite
planet wheel

planetario
planetary gear

piñones
pinions

horquilla
gear control fork

iferencial
differential

corona del diferencial
crown wheel

piñón de ataque
driving pinion

ncial
sing

palier de la rueda delantera
front wheel drive shaft

Fot. BMW.

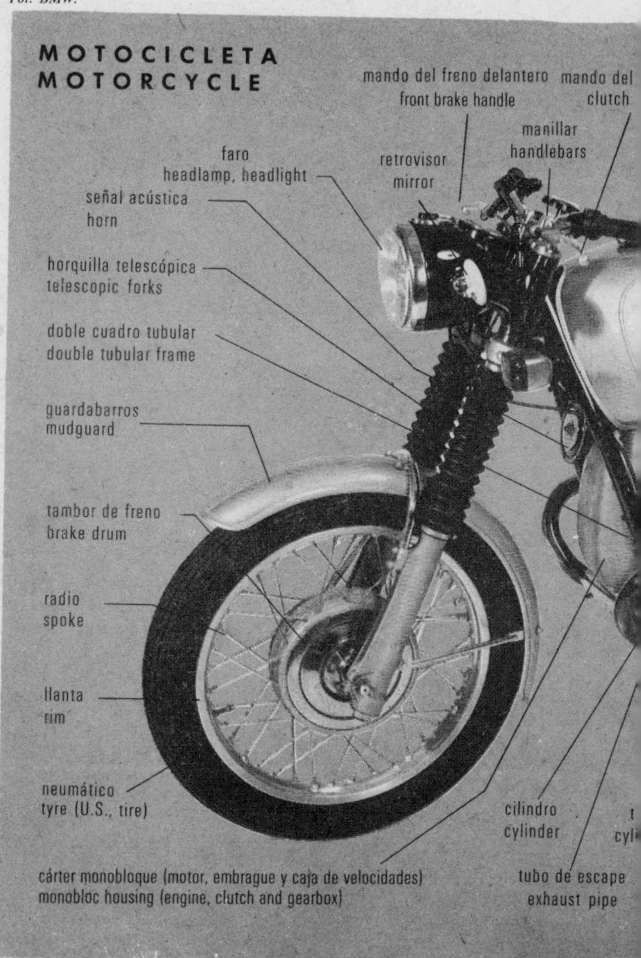
MOTOCICLETA
MOTORCYCLE
mando del freno delantero
front brake handle
mando del
clutch
manillar
handlebars
retrovisor
mirror
faro
headlamp, headlight
señal acústica
horn
horquilla telescópica
telescopic forks
doble cuadro tubular
double tubular frame
guardabarros
mudguard
tambor de freno
brake drum
radio
spoke
llanta
rim
neumático
tyre (U.S., tire)
cilindro
cylinder
cárter monobloque (motor, embrague y caja de velocidades)
monobloc housing (engine, clutch and gearbox)
tubo de escape
exhaust pipe

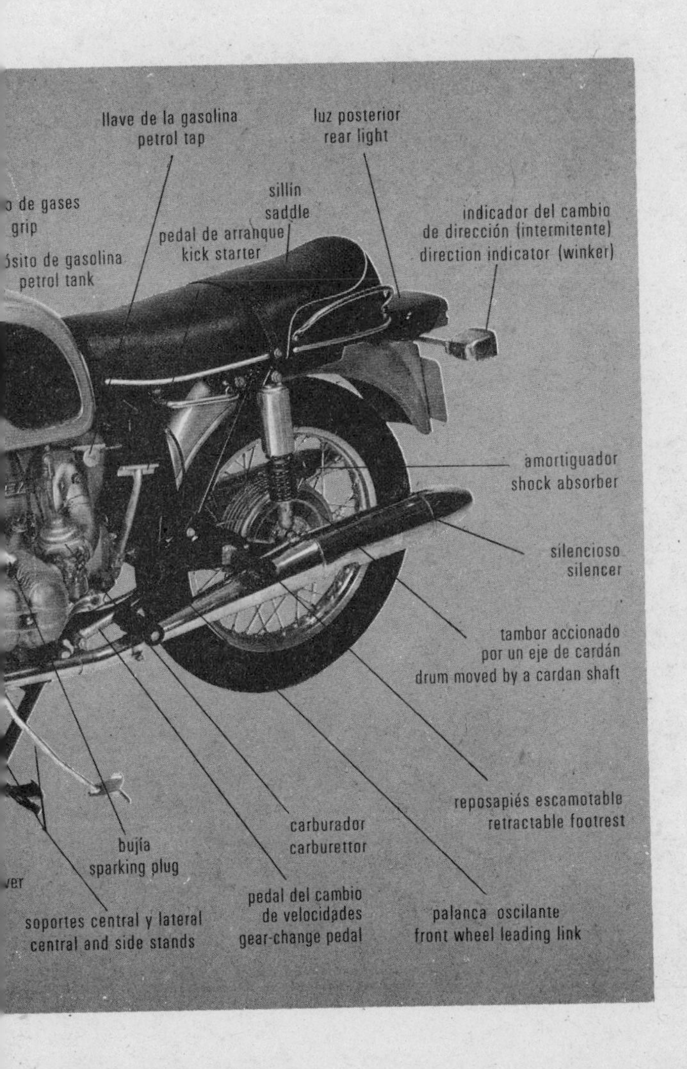
llave de la gasolina
petrol tap
luz posterior
rear light
sillin
saddle
pedal de arranque
kick starter
de gases
grip
ósito de gasolina
petrol tank
indicador del cambio
de dirección (intermitente)
direction indicator (winker)
amortiguador
shock absorber
silencioso
silencer
tambor accionado
por un eje de cardán
drum moved by a cardan shaft
reposapiés escamotable
retractable footrest
carburador
carburettor
bujía
sparking plug
ver
pedal del cambio
de velocidades
gear-change pedal
soportes central y lateral
central and side stands
palanca oscilante
front wheel leading link

FERROCARRIL
RAILWAY (U.S., RAILROAD)

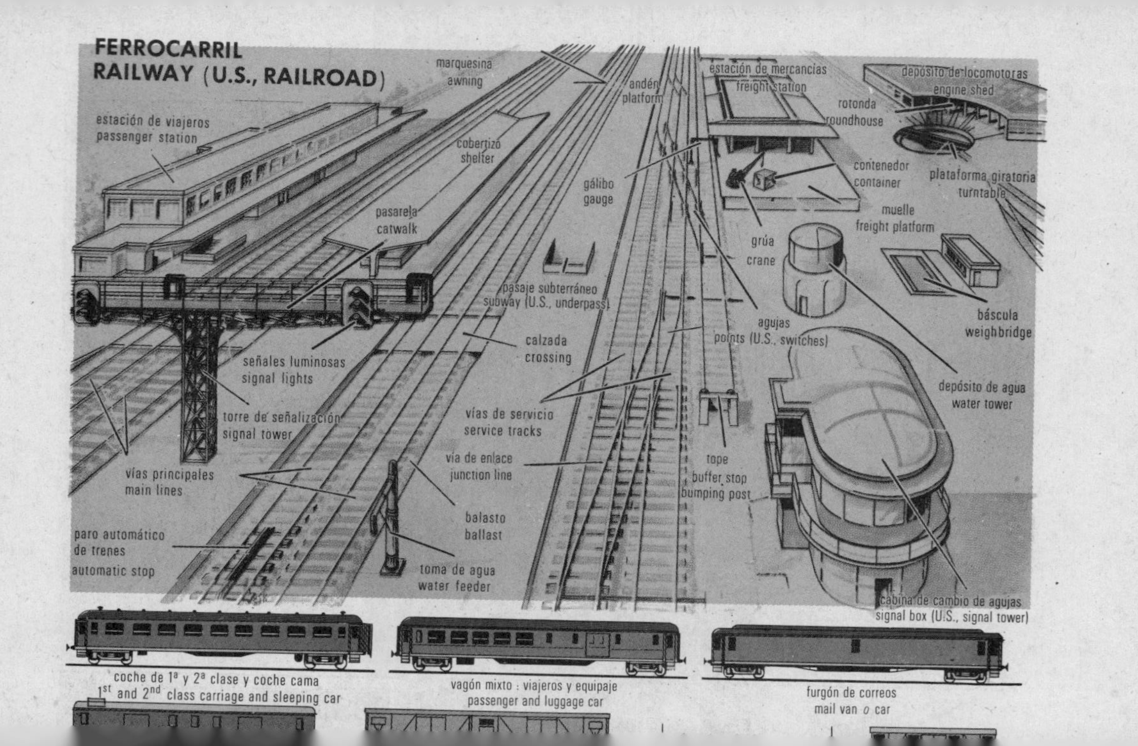

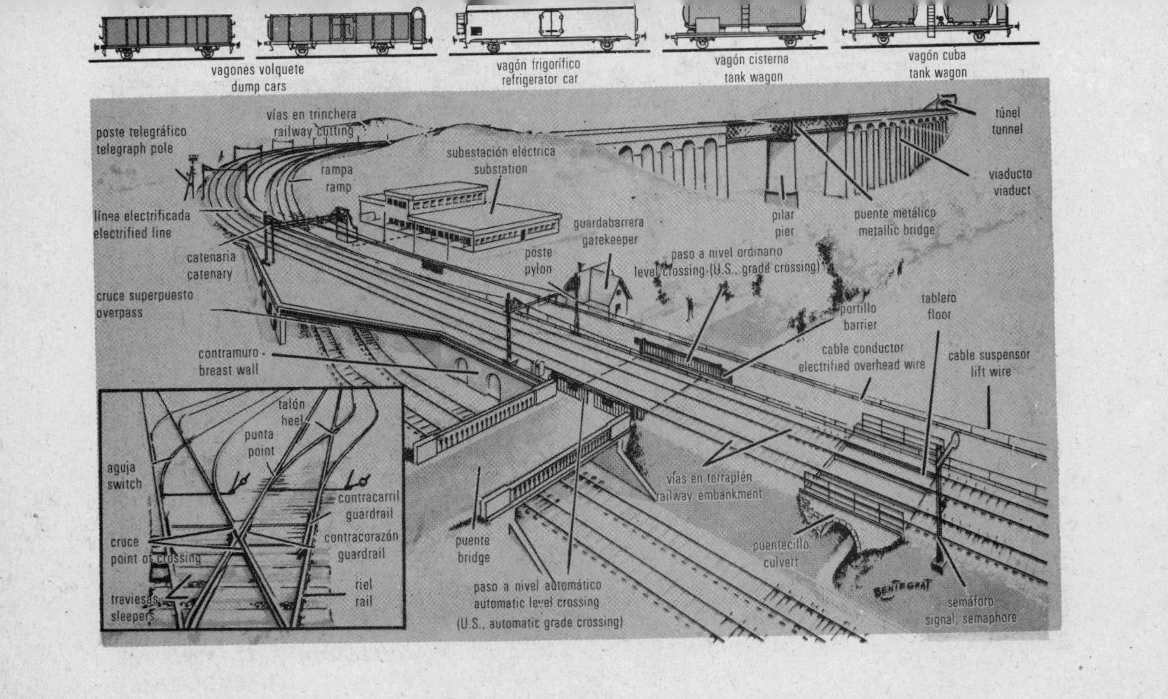

vagones volquete
dump cars
vagón frigorífico
refrigerator car
vagón cisterna
tank wagon
vagón cuba
tank wagon
vías en trinchera
railway cutting
poste telegráfico
telegraph pole
subestación eléctrica
substation
rampa
ramp
túnel
tunnel
viaducto
viaduct
línea electrificada
electrified line
pilar
pier
puente metálico
metallic bridge
guardabarrera
gatekeeper
catenaria
catenary
poste
pylon
paso a nivel ordinario
level crossing (U.S., grade crossing)
cruce superpuesto
overpass
portillo
barrier
tablero
floor
contramuro
breast wall
cable conductor
electrified overhead wire
cable suspensor
lift wire
talón
heel
punta
point
aguja
switch
contracarril
guardrail
vías en terraplén
railway embankment
cruce
point of crossing
contracorazón
guardrail
puente
bridge
puentecillo
culvert
riel
rail
traviesas
sleepers
paso a nivel automático
automatic level crossing
(U.S., automatic grade crossing)
semáforo
signal, semaphore
BENTEGEAT

Fot. Vie du Rail.

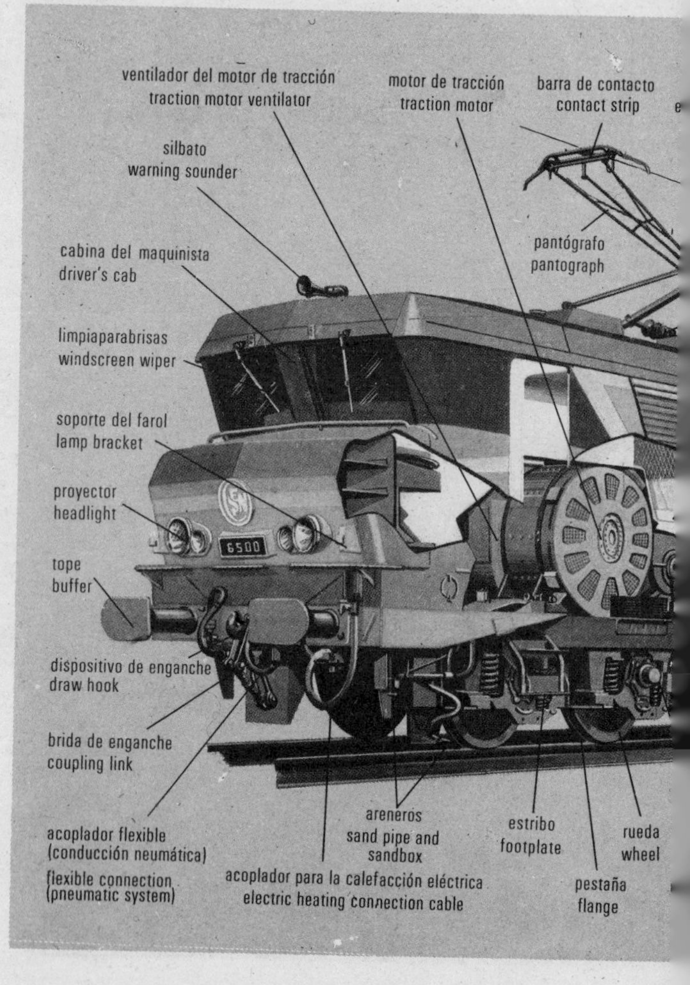

nductor
erhead wire

LOCOMOTORA
LOCOMOTIVE

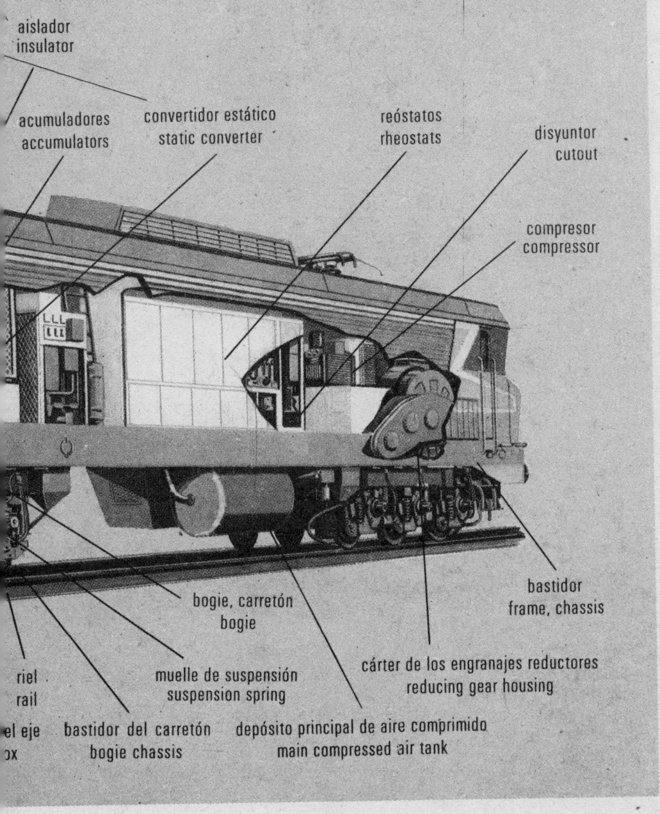

VELERO
SAILING BOAT
(U.S., SAILBOAT)

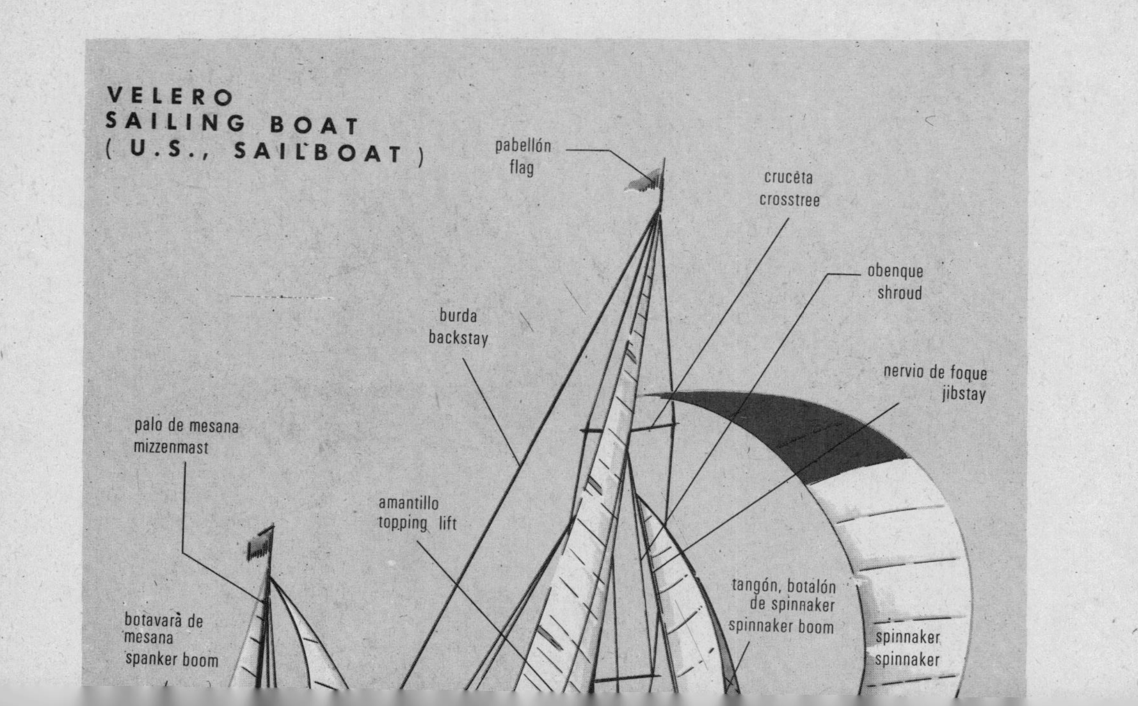

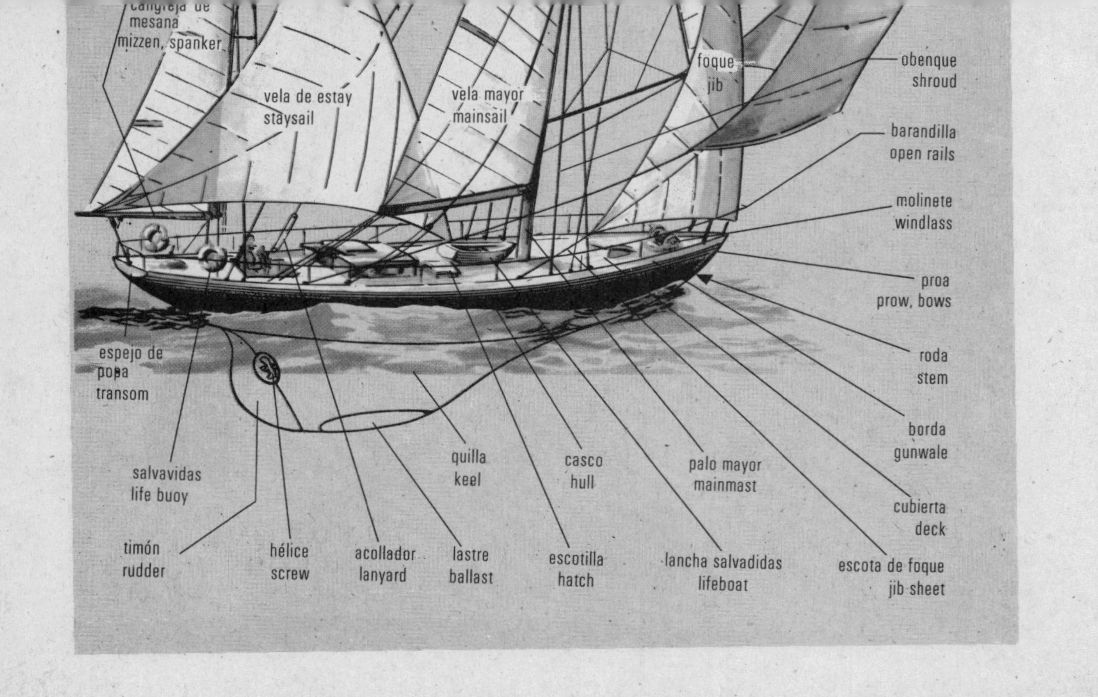
mesana
mizzen, spanker
vela de estay
staysail
vela mayor
mainsail
foque
jib
obenque
shroud
barandilla
open rails
molinete
windlass
proa
prow, bows
roda
stem
borda
gunwale
cubierta
deck
escota de foque
jib sheet
palo mayor
mainmast
lancha salvadidas
lifeboat
casco
hull
escotilla
hatch
quilla
keel
lastre
ballast
acollador
lanyard
hélice
screw
salvavidas
life buoy
timón
rudder
espejo de
popa
transom

Fot. Messageries Maritimes.

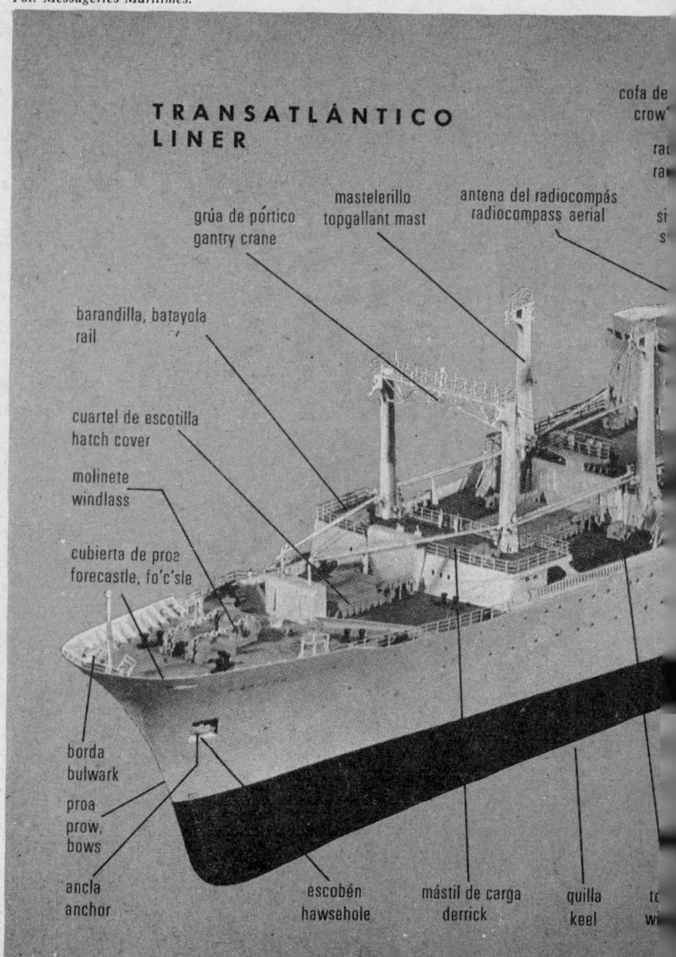

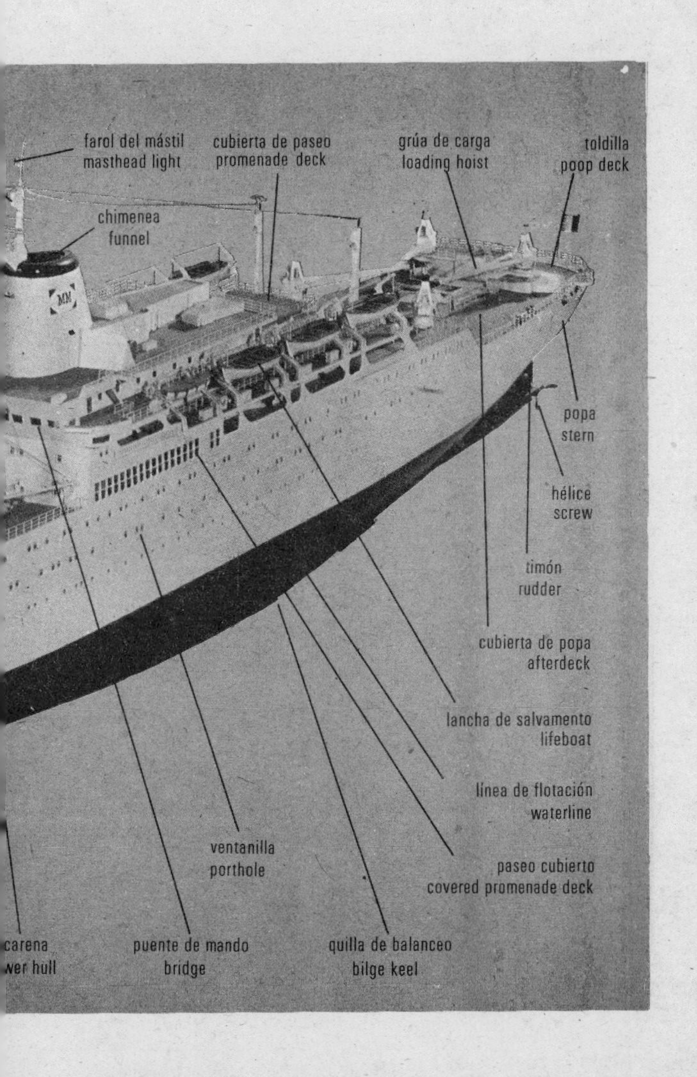

farol del mástil
masthead light
cubierta de paseo
promenade deck
grúa de carga
loading hoist
toldilla
poop deck
chimenea
funnel
popa
stern
hélice
screw
timón
rudder
cubierta de popa
afterdeck
lancha de salvamento
lifeboat
línea de flotación
waterline
ventanilla
porthole
paseo cubierto
covered promenade deck
carena
wer hull
puente de mando
bridge
quilla de balanceo
bilge keel

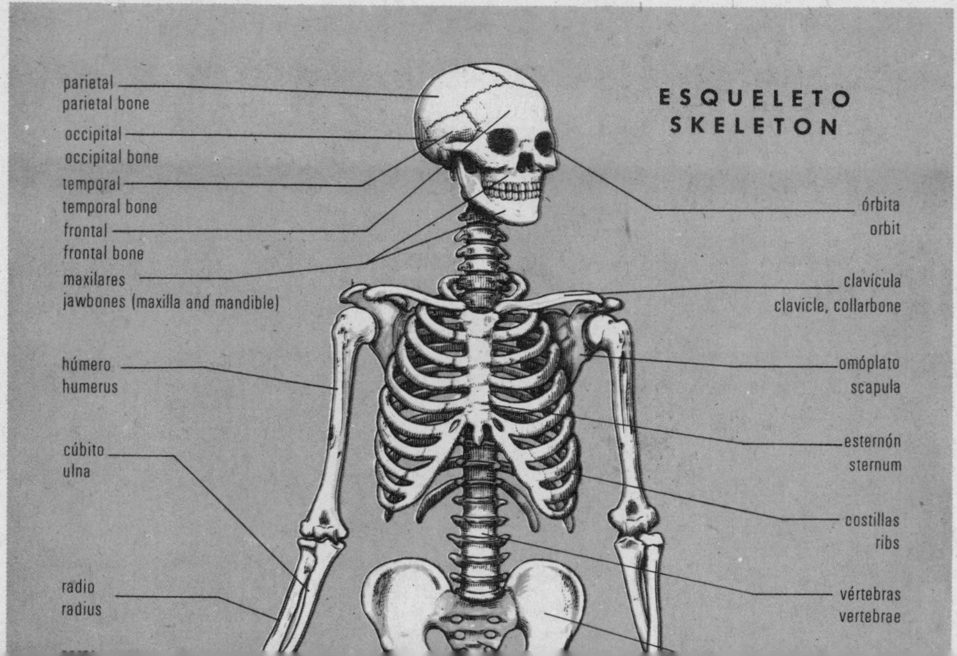

ESQUELETO
SKELETON

parietal
parietal bone

occipital
occipital bone

temporal
temporal bone

frontal
frontal bone

maxilares
jawbones (maxilla and mandible)

húmero
humerus

cúbito
ulna

radio
radius

órbita
orbit

clavícula
clavicle, collarbone

omóplato
scapula

esternón
sternum

costillas
ribs

vértebras
vertebrae

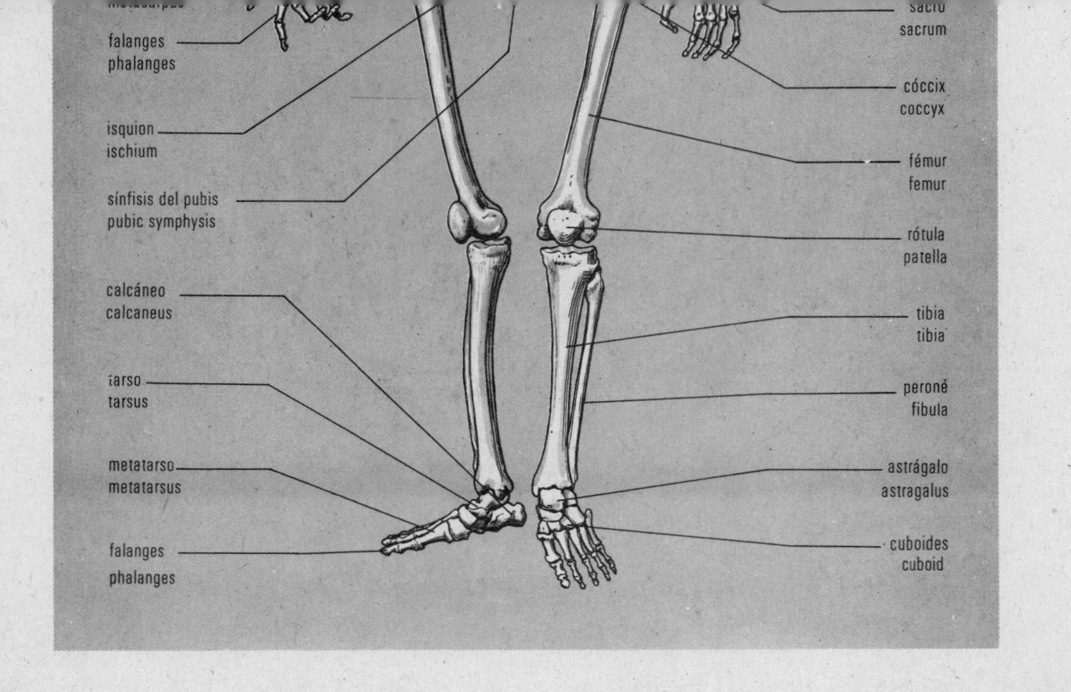
falanges
phalanges
isquion
ischium
sínfisis del pubis
pubic symphysis
calcáneo
calcaneus
tarso
tarsus
metatarso
metatarsus
falanges
phalanges
sacrum
cóccix
coccyx
fémur
femur
rótula
patella
tibia
tibia
peroné
fibula
astrágalo
astragalus
cuboides
cuboid

ANATOMÍA
ANATOMY

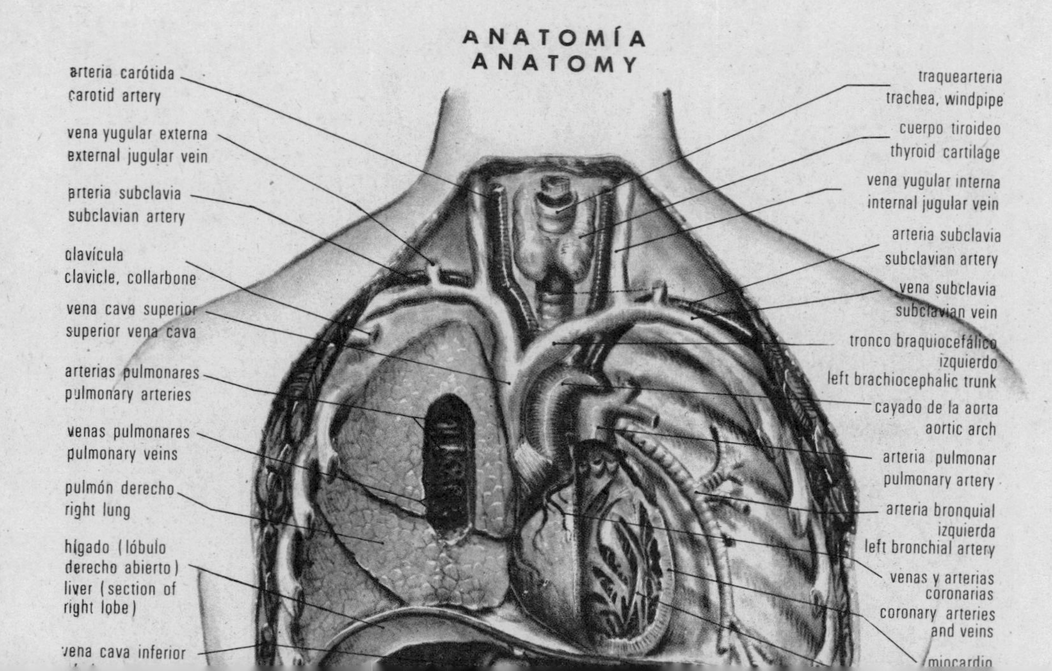

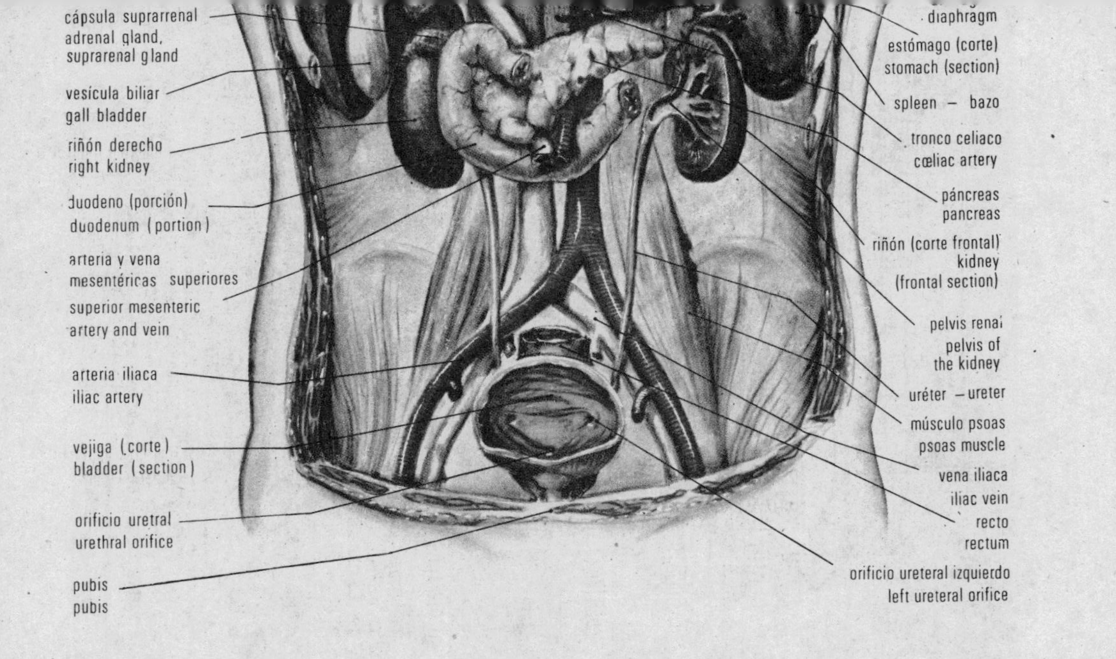
cápsula suprarrenal
adrenal gland,
suprarenal gland
vesícula biliar
gall bladder
riñón derecho
right kidney
duodeno (porción)
duodenum (portion)
arteria y vena
mesentéricas superiores
superior mesenteric
artery and vein
arteria iliaca
iliac artery
vejiga (corte)
bladder (section)
orificio uretral
urethral orifice
pubis
pubis
diaphragm
estómago (corte)
stomach (section)
spleen – bazo
tronco celiaco
cœliac artery
páncreas
pancreas
riñón (corte frontal)
kidney
(frontal section)
pelvis renal
pelvis of
the kidney
uréter – ureter
músculo psoas
psoas muscle
vena iliaca
iliac vein
recto
rectum
orificio ureteral izquierdo
left ureteral orifice

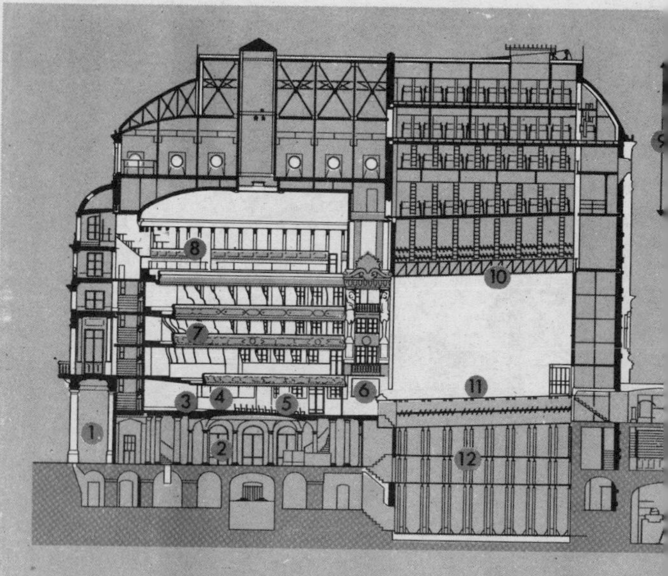

1. Entrada; 2. Vestíbulo; 3. Platea; 4. Palcos; 5. Patio de butacas; 6. Palc
proscenio; 7. Palcos de entresuelo; 8. Anfiteatro; 9. Telares; 10. Diablas or
11. Escenario; 12. Fosos y contrafosos; 13. Cuerdas de mando; 14. Telón met
15. Telón de boca; 16. Embocadura; 17. Varal para iluminar; 18. Bambal
19. Bambalina de ropa; 20. Alcahuete; 21. Bastidor; 22. Candilejas, ba
23. Corbata; 24. Concha del apuntador; 25. Foso de orquesta; 26. Esco
27. Trampillas; 28. Carro; 29. Tablero; 30. Tablas del escenario; 31. Trasto,
rado móvil; 32. Telón de foro; 33. Chácena, reserva de decorados; 34. Peine.

1. Entrance; 2. Lobby; 3. Pit; 4. Ground-floor boxes; 5. Stalls [U. S., orche
6. Stage boxes; 7. Second-tier boxes; 8. Gallery; 9. Flies; 10. Lighting ga
11. Stage; 12. Below-stage; 13. Shifting lines; 14. Safety curtain; 15. House cu
16. Proscenium arch, face wall; 17. Light batten; 18. Valance; 19. Border; 20.
curtain; 21. Tormentor; 22. Footlights; 23. Proscenium; 24. Prompt box; 25. Orch
pit; 26. Trap, trapdoor; 27. Cuts and slots; 28. Bridge-cut; 29. Stage floor; 30.
31. Flat; 32. Backdrop, back-cloth; 33. Scenery storage; 34. Gridiron, grid.

TEATRO

THEATRE (U.S., THEATER)

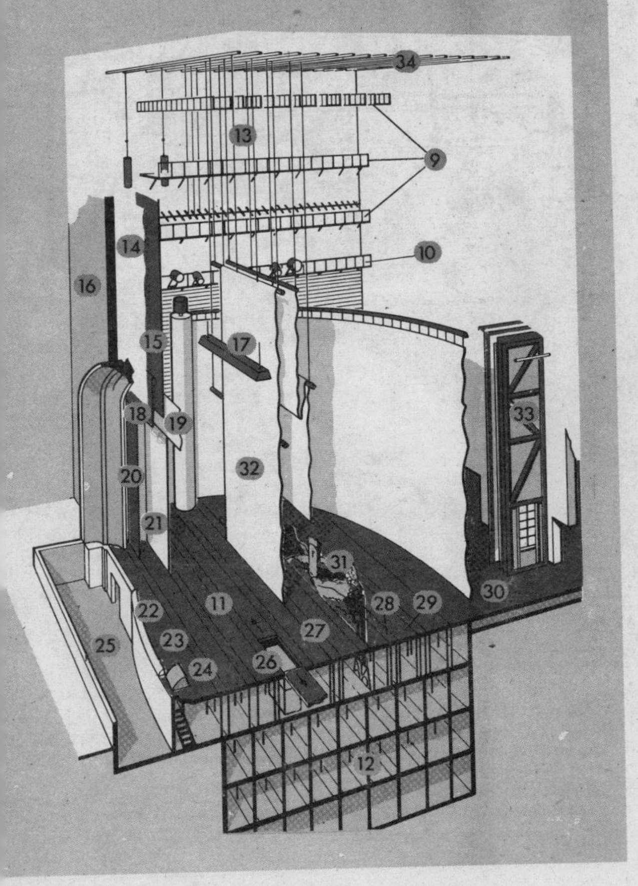

Fot. Société Lumifilm.

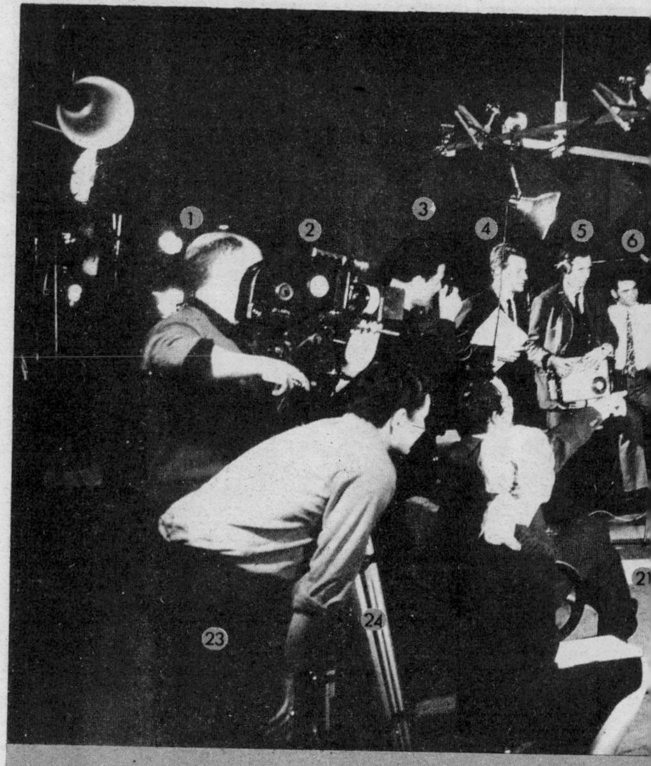

CINEMATOGRAFÍA : 1. Cámara, *m.*; 2. Cámara, *f.*; 3. Operador; 4. Ayudante
fija; 9. Claquetista; 10. Claqueta; 11. Maquilladora; 12. Actores; 13. Micrófo
20. Plató, estudio; 21. Director; 22. Secretaria de rodaje, script; 23. Ayudante

CINEMA : 1. Cameraman; 2. Camera; 3. Director of photography; 4. Assistant
8. Set photographer; 9. Clapper boy; 10. Clapper boards; 11. Makeup girl;
18. Electrician; 19. Producer; 20. Set, film set; 21. Director; 22. Continuity girl

ón; 5. Ingeniero del sonido con un magnetófono; 6. Jirafista; 7. Jirafa; 8. Foto
ne; 15. Spot; 16. Lámpara CREMER; 17. Proyector; 18. Eléctrico; 19. Productor;
a, foquista; 24. Trípode.

Sound engineer o monitor man with tape recorder; 6. Boom operator; 7. Boom;
13. Microphone; 14. Lighting; 15. Parabolic lamp; 16. Spotlight; 17. Spotlight;
; 23. Cameraman's assistant; 24. Tripod, camera stand.

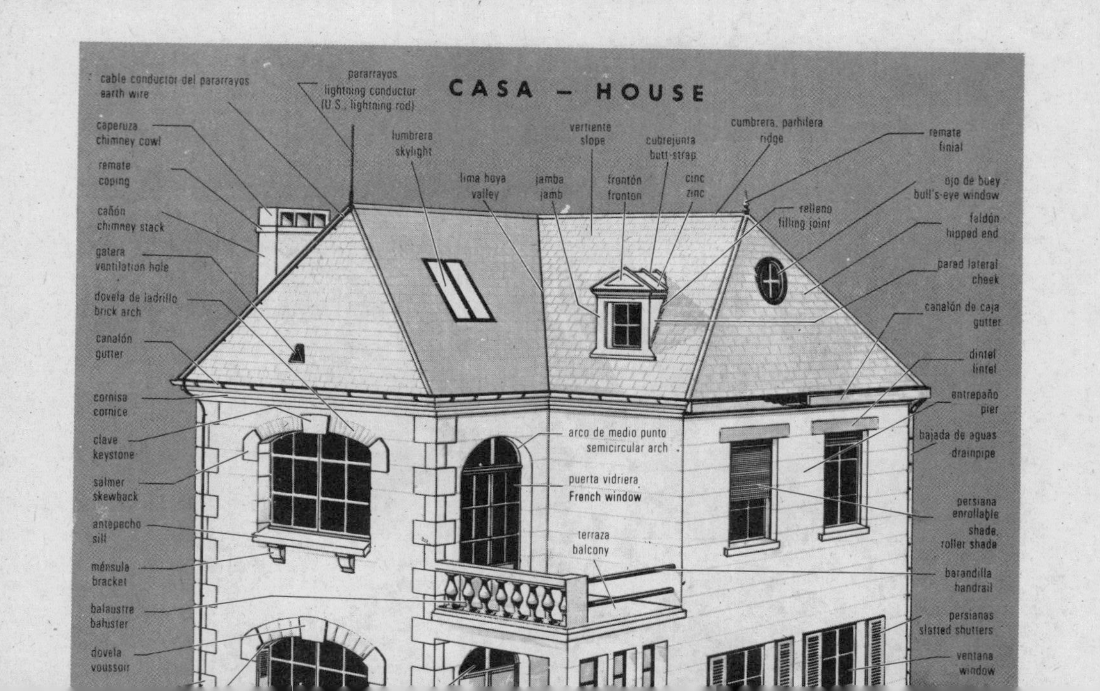

CASA — HOUSE
cable conductor del pararrayos
earth wire
pararrayos
lightning conductor
(U.S., lightning rod)
caperuza
chimney cowl
remate
coping
cañón
chimney stack
gatera
ventilation hole
dovela de ladrillo
brick arch
canalón
gutter
cornisa
cornice
clave
keystone
salmer
skewback
antepecho
sill
ménsula
bracket
balaustre
baluster
dovela
voussoir
lumbrera
skylight
lima hoya
valley
jamba
jamb
vertiente
slope
frontón
fronton
cubrejunta
butt-strap
cinc
zinc
cumbrera, parhilera
ridge
relleno
filling joint
remate
finial
ojo de buey
bull's-eye window
faldón
hipped end
pared lateral
cheek
canalón de caja
gutter
dintel
lintel
entrepaño
pier
bajada de aguas
drainpipe
arco de medio punto
semicircular arch
puerta vidriera
French window
terraza
balcony
persiana
enrollable
shade,
roller shade
barandilla
handrail
persianas
slatted shutters
ventana
window

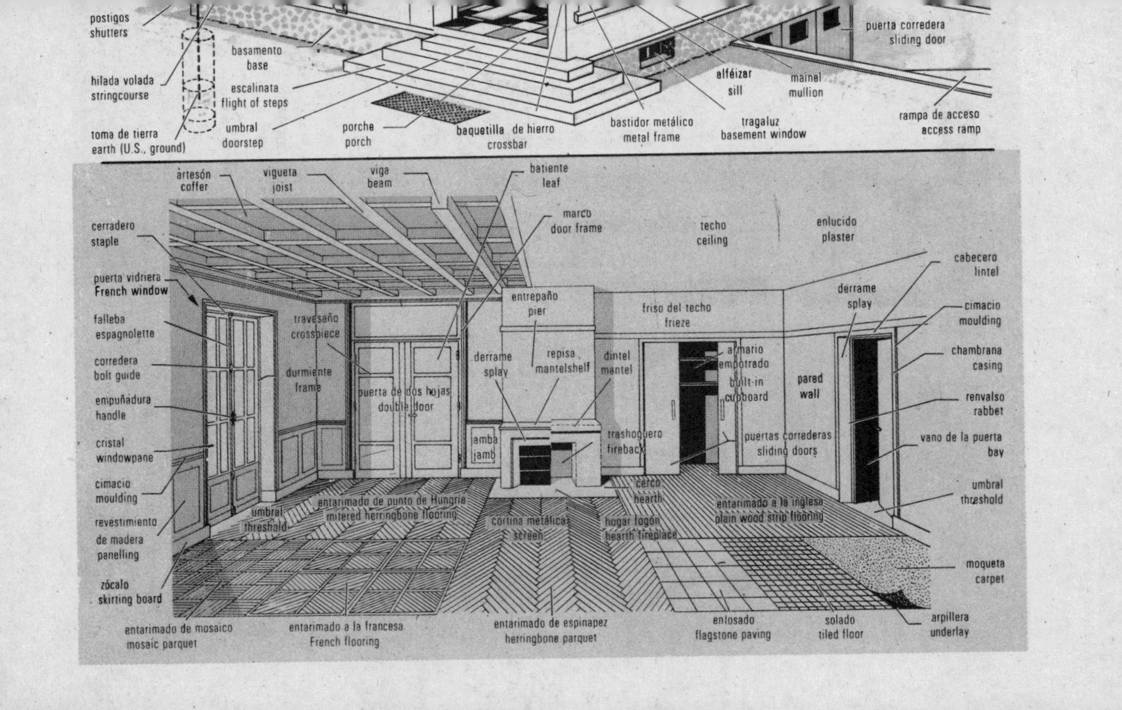
postigos
shutters
hilada volada
stringcourse
toma de tierra
earth (U.S., ground)
basamento
base
escalinata
flight of steps
umbral
doorstep
porche
porch
baquetilla de hierro
crossbar
bastidor metálico
metal frame
alféizar
sill
tragaluz
basement window
mainel
mullion
puerta corredera
sliding door
rampa de acceso
access ramp
artesón
coffer
vigueta
joist
viga
beam
batiente
leaf
marco
door frame
techo
ceiling
enlucido
plaster
cabecero
lintel
cerradero
staple
puerta vidriera
French window
falleba
espagnolette
corredera
bolt guide
empuñadura
handle
cristal
windowpane
cimacio
moulding
revestimiento
de madera
panelling
zócalo
skirting board
travesaño
crosspiece
durmiente
frame
puerta de dos hojas
double door
entrepaño
pier
derrame
splay
repisa
mantelshelf
dintel
mantel
jamba
jamb
trashoguero
fireback
friso del techo
frieze
armario
empotrado
built-in
cupboard
puertas correderas
sliding doors
pared
wall
derrame
splay
cimacio
moulding
chambrana
casing
renvalso
rabbet
vano de la puerta
bay
umbral
threshold
cerco
hearth
hogar fogón
hearth fireplace
cortina metálica
screen
entarimado de punto de Hungría
mitered herringbone flooring
umbral
threshold
entarimado a la inglesa
plain wood strip flooring
moqueta
carpet
arpillera
underlay
entarimado de mosaico
mosaic parquet
entarimado a la francesa
French flooring
entarimado de espinapez
herringbone parquet
enlosado
flagstone paving
solado
tiled floor

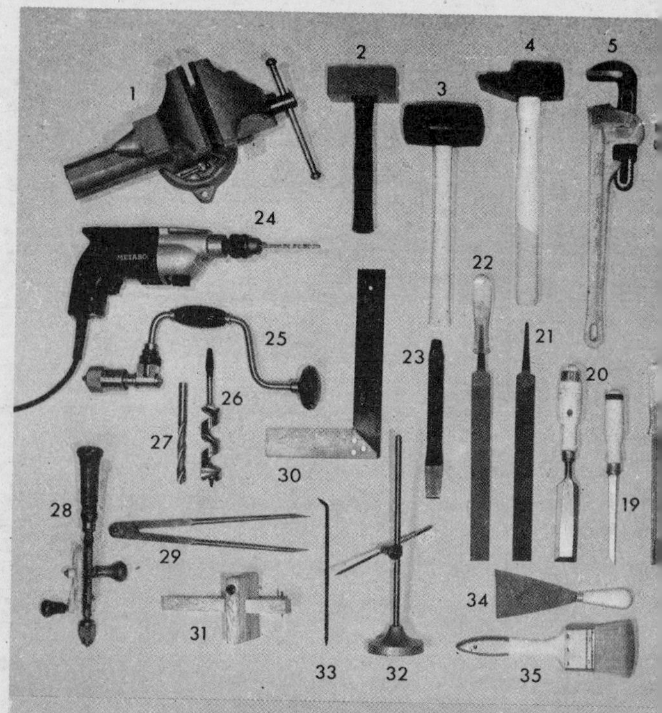

HERRAMIENTAS : 1. Torno de banco paralelo; 2. Maceta; 3. Mazo; 4. Martillo; 5. pipa para tuercas; 10. Llave plana de doble boca; 11. Llave ajustable; 12. Nive graduable; 17. Cárcel; 18. Destornillador; 19. Escoplo; 20. Formón; 21. Lima; 2 28. Taladradora; 29. Compás; 30. Escuadra; 31. Gramil de carpintero; 32. Gr 37. Tenazas; 38. Alicates universales; 39. Cizallas de mano; 40. Alicates de boc 47. Serrucho; 48. Soplete; 49. Soldador eléctrico.

TOOLS : 1. Parallel vice; 2. Small square hammer; 3. Mallet; 4. Hammer; 5. Mon 9. Elbowed wrench; 10. Double-ended spanner o wrench (U. S.); 11. Shifting spa 17. Clamp; 18. Screwdriver; 19. Crosscut chisel; 20. Firmer chisel; 21. File; 22. Ras 29. Dividers; 30. Square; 31. Marking gauge; 32. Scribing block; 33. Scriber; 34. S pliers; 41. Yardstick; 42. Ruler, metal rule; 43. Slide calliper; 44. Rabbet plane; 45. iron.

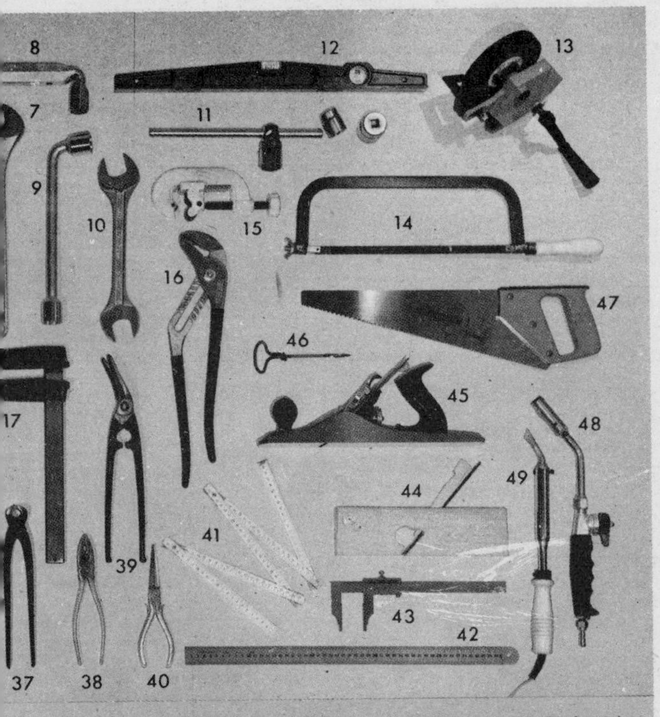

ı tubos; 6. Llave de cremallera; 7. Llave de gusano; 8. Llave de tubo; 9. Llave de
; 13. Muela abrasiva; 14. Sierra de metales; 15. Cortatubos; 16. Alicates de boca
; 23. Cortafrío; 24. Perforadora eléctrica; 25. Berbiquí; 26. Barrena; 27. Broca;
ıecánico; 33. Punta de trazar; 34. Espátula; 35. Brocha; 36. Tenazas de corte;
41. Metro; 42. Regleta; 43. Pie de rey; 44. Guillame; 45. Garlopa; 46. Barrena;

h; 6. Rack spanner; 7. Adjustable spanner; 8. Box spanner [U. S., socket wrench];
Water level; 13. Grindstone; 14. Hacksaw; 15. Pipe cutter; 16. Adjustable pliers;
d chisel; 24. Electric drill; 25. Brace; 26. Bit; 27. Drill; 28. Hand drill, wheelbrace;
. Paintbrush; 36. Wirecutters; 37. Pincers; 38. Universal pliers; 39. Shears; 40. Flat
ıe; 46. Gimlet; 47. Handsaw; 48. Blowlamp [U. S., blowtorch]; 49. Electric soldering

IGLESIA
CHURCH

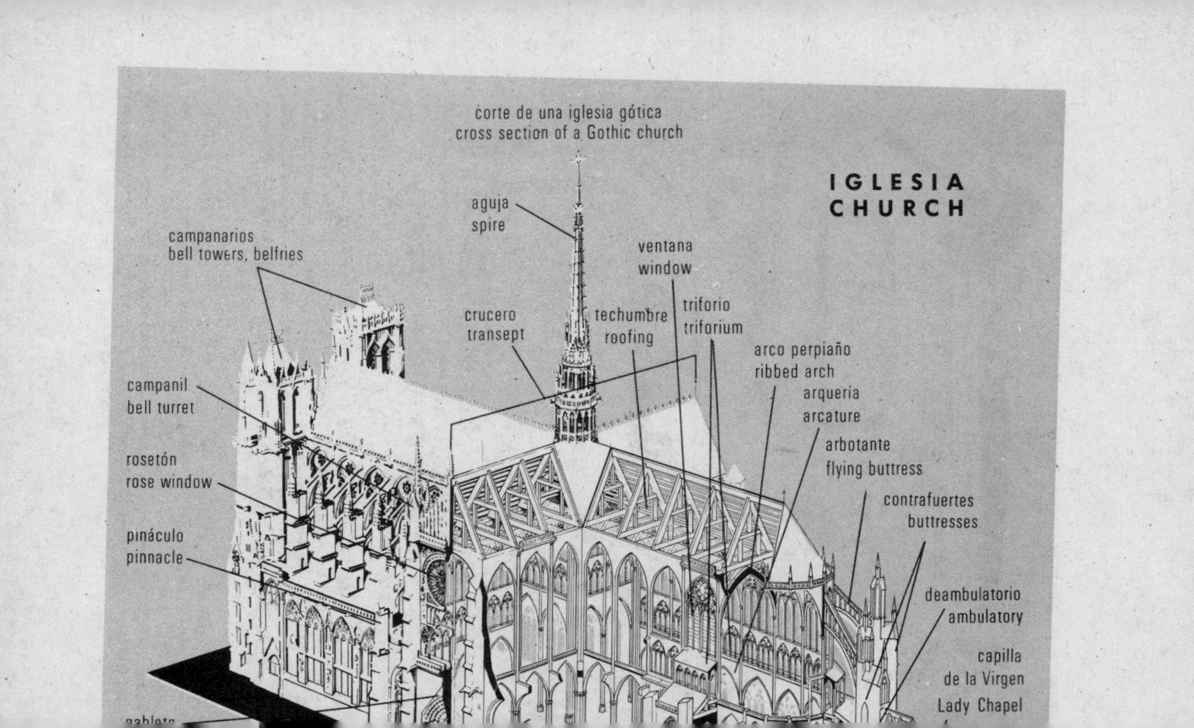

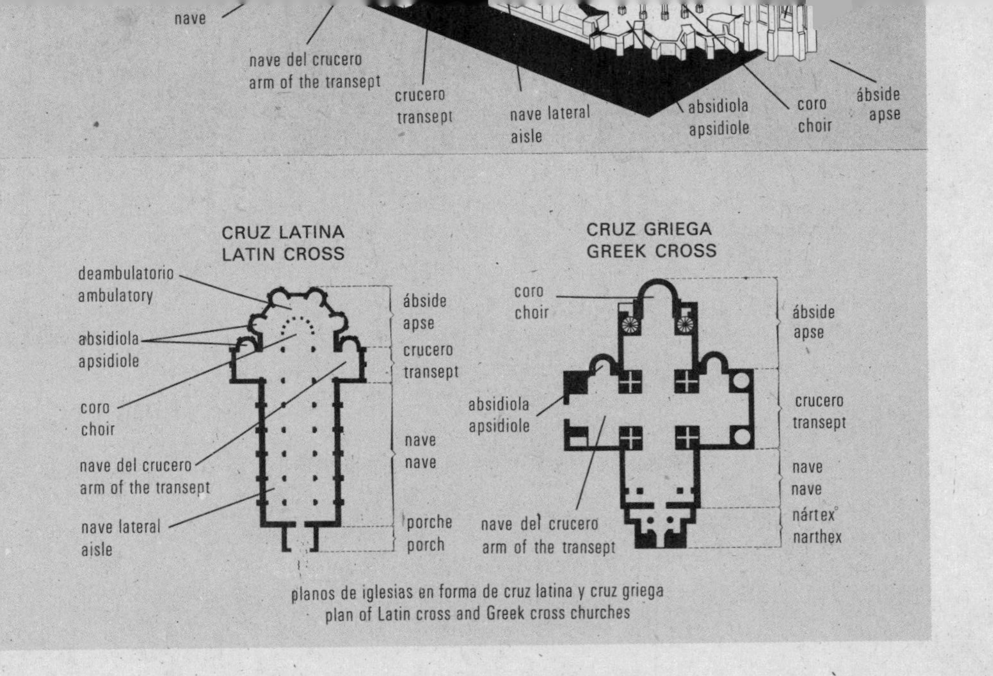

planos de iglesias en forma de cruz latina y cruz griega
plan of Latin cross and Greek cross churches

Esta obra se terminó de imprimir y encuadernar
en abril de 1992 en los talleres de Editora de
Periódicos, S.C.L., "La Prensa" Div. Comercial.
Basilio Vadillo 29, 9o. piso. México 06030, D.F.

La edición consta de 40 000 ejemplares.